———— 低碳绿色炼铁技术丛书 ————

高炉喷吹燃料
资源拓展及工业应用

张建良　徐润生　著

北　京

冶 金 工 业 出 版 社

2021

内 容 提 要

全书共六章，分别介绍高炉喷吹燃料资源概况、高炉喷吹低阶煤技术与工业应用、高炉喷吹兰炭技术与工业应用、高炉喷吹生物质相关基础研究、高炉喷吹富氢燃料相关基础研究与工业应用，以及我国高炉喷吹燃料资源展望，重点阐述了如何系统科学地评价高炉喷吹用新型燃料及高效安全用于工业实践。

本书可供冶金、能源、化工等行业工程技术人员以及高等院校相关专业教师、研究生和高年级本科生阅读和参考。

图书在版编目（CIP）数据

高炉喷吹燃料资源拓展及工业应用/张建良等著 . —北京：
冶金工业出版社，2021.8
 ISBN 978-7-5024-8663-1

Ⅰ.①高…　Ⅱ.①张…　Ⅲ.①高炉炼铁—燃料—研究
Ⅳ.①TF526

中国版本图书馆 CIP 数据核字（2020）第 256644 号

出　版　人　苏长永
地　　　址　北京市东城区嵩祝院北巷 39 号　邮编　100009　电话　（010）64027926
网　　　址　www.cnmip.com.cn　电子信箱　yjcbs@cnmip.com.cn
责任编辑　卢　敏　姜恺宁　美术编辑　吕欣童　版式设计　孙跃红　禹　蕊
责任校对　石　静　责任印制　禹　蕊
ISBN 978-7-5024-8663-1
冶金工业出版社出版发行；各地新华书店经销；北京捷迅佳彩印刷有限公司印刷
2021 年 8 月第 1 版，2021 年 8 月第 1 次印刷
710mm×1000mm　1/16；13.75 印张；266 千字；209 页
92.00 元

冶金工业出版社投稿电话　（010）64027932　投稿信箱　tougao@cnmip.com.cn
冶金工业出版社营销中心电话　（010）64044283　传真　（010）64027893
冶金工业出版社天猫旗舰店　yjgycbs.tmall.com
（本书如有印装质量问题，本社营销中心负责退换）

前　言

　　钢铁工业是我国国民经济的重要基础产业，其能源消耗量大，且主要依靠煤炭资源。然而，我国煤炭资源的分布极不均匀，在已探明储量中，烟煤占 73.7%、无烟煤占 7.9%、褐煤占 6.8%、其他煤种占 11.6%，烟煤中优质焦煤和肥煤的储量仅占 7.9%。因此，高炉焦炭生产因依赖的焦、肥煤资源和高炉喷吹用无烟煤资源而正面临着巨大的挑战。高炉喷吹煤粉是目前钢铁企业缓解焦煤资源短缺、降低焦比和生铁生产成本的重要措施，是世界炼铁技术发展的主流趋势。然而，100%优质无烟煤喷吹已经不能满足当前高炉炼铁对环保节能、资源可持续发展及降本增效的要求。

　　越来越多的钢铁企业不断扩大炼铁用煤炭资源范围，广泛采用贫瘦煤、烟煤、褐煤用于高炉喷吹，尝试采用兰炭用于高炉喷吹。虽然取得一些突破，但也面临着大量的技术难题。其中，高挥发分烟煤的易燃、易爆性给高炉喷吹带来了严重的安全问题；多种喷吹资源频繁变化，导致高炉炉缸热状态和煤气流随之波动，严重制约了高炉冶炼的稳定性。究其原因，主要是钢铁企业对新型喷吹燃料的引入缺乏精细的管理和科学的甄选，未能基于高炉喷吹过程的燃料特性建立系统的高炉喷吹工艺方案。

　　针对上述问题，在国家和企业重大课题支持下，我们团队基于在炼铁基础理论、炼铁生产技术等方面的长期研究与实践，通过 20 多年的学科交叉合作和产学研用攻关，系统总结了高炉喷吹新型燃料过程中的基础理论与工业实践方案，建立了高炉喷吹低阶煤、兰炭、和生物质等非常规燃料的技术体系，揭示了高炉喷吹天然气、焦炉煤气等富氢燃料对高炉冶炼和减碳的作用规律。为此，我们撰写了《高炉喷吹燃料资源拓展及工业应用》一书，以期为高炉喷吹新型燃料资源的科学评价、经济甄选和高效使用提供更加科学的指导，进而推动钢铁工业的节能减排与绿色发展。全书分为高炉喷吹燃料资源概况、高炉喷吹低阶煤技术与工业应用、高炉喷吹兰炭技术与工业应用、高炉喷吹生物质相关基础研究、高炉喷吹富氢燃料相关基础研究与工业应用、我国高炉喷吹燃料资源展望等六个章节，重点阐述了如何系统科学地评价高炉喷吹用新型燃料及高效安全用于工业实践，在内容上更加注重权威性、系统性和实用性，力求让读者在阅读的过程中获得较为系统、全面的高炉燃料资源拓展及高效使用的技术路线。

时值本书出版之际，特别感谢北京科技大学的杨天钧教授对我们团队给予的指导和建议。徐润生副教授承担本书的策划、统筹和大量的编辑工作，付出了辛勤的劳动。祁成林、胡正文、王广伟、郑常乐、宋腾飞、柴轶凡、王海洋、王朋、刘思远、林豪、卫广运、李荣鹏等研究生先后参与过项目的实验工作。此外，课题组多年的科研工作得到了首钢、神木市兰炭集团、酒钢、包钢等企业的大力支持，感谢国家科技部、国家自然科学基金委给予的资助（51704216、51804026、51804025、51974019、51774032、2017YFB0304300、2017YFB0304303）。

科研本身是一个不断探索深入的过程，本书中难免有不足之处，诚恳期待广大读者指正。

张建良

2020 年 7 月 1 日于北京科技大学

目　　录

1 高炉喷吹燃料资源概况

钢铁工业是国家发展的脊梁，为我国经济社会发展提供了重要的原材料保障；同时，钢铁行业也是一个高耗能、高污染的产业，在注重生态文明建设的今天面临着节能减排的巨大压力。从整个钢铁冶炼流程来看，炼铁是钢铁冶炼最重要的环节之一，也是能耗最高、污染物排放量最大的一个环节。因此，高炉炼铁新技术研发成为钢铁工业节能降耗、减排 CO_2 和提高企业竞争力的重要途径。随着高炉大型化和生铁产量的不断增加，冶炼过程中对冶金焦炭的需求量也逐渐增加，焦煤资源消耗量也随之增大。然而焦煤是不可再生资源且日益紧缺，同时炼焦工序造成的环境污染十分严重，因此，探寻一种新的燃料替代部分焦炭是炼铁行业发展的必然趋势。高炉喷吹燃料技术是一项能够有效降低高炉焦炭消耗的创新技术，通过高炉风口向炉内喷吹燃料，可替代部分焦炭向高炉提供热量、还原剂及渗碳剂，进而降低吨铁焦炭消耗量。

1.1 国内外高炉喷吹燃料发展概况

早在 19 世纪，欧洲、美国就有人提出了高炉喷吹燃料的设想，并申请了相关专利，但直到 20 世纪中期才在工业上逐步实现应用。1947 年法国纳维-梅松工厂开展了向高炉喷吹燃料油的工业试验，1948 年苏联捷尔仁斯基工厂尝试向高炉喷吹煤粉，1957 年苏联彼得洛夫斯基工厂开始在高炉上喷吹天然气。自此以后，世界各国根据自己的资源条件和燃料价格选择喷吹不同的燃料，例如俄罗斯及美国天然气资源丰富，因此大量喷吹天然气。20 世纪 60 年代世界市场油价便宜，世界各国在高炉上大量喷吹重油；70 年代末，因油价高涨，大部分高炉停止喷油，并逐步转为喷吹煤粉。1990 年日本、德国有 2/3 的高炉喷吹煤粉，喷吹量一般为 50~80kg/t，到 1998 年有的已超过 200kg/t。中国从 50 年代末开始在高炉上喷油，60 年代初大部分高炉已实现喷油。1964 年首都钢铁公司[1,2]和鞍山钢铁公司在高炉上喷吹无烟煤获得成功，1966 年首钢一座高炉全年平均喷煤量达 159kg/t。除此之外，重庆钢铁厂在 60 年代喷吹过天然气，在此期间国内有些钢铁厂还喷吹过焦油、沥青，60 年代末逐步转为喷吹煤粉。

1.2　国内外高炉喷煤技术发展概况

煤粉是高炉喷吹的最主要燃料。高炉喷煤技术的发展历史可以追溯到 1840~1850 年。1840 年 S. Banks（班克斯）提出了喷吹无烟煤替代部分焦炭的设想，1840~1845 年，在法国博洛涅上马恩省炼铁厂实现了世界上最早的工业应用，并申请了专利。但因为工艺方面存在问题，这项技术没有被推广应用，之后的 100 多年时间里，高炉喷煤技术发展十分缓慢，基本无进展，直到 20 世纪 60 年代初，才开始迅速发展。

1961 年国际钢铁联合协会在北美汉纳公司的 2 号高炉上完成了工业上的第一次大规模高炉喷煤试验。20 世纪 60 年代初，世界上很多国家，比如法国、英国、美国、苏联、德国等国家开始了大量高炉喷煤试验和工业研究。

美国从 1962 年开始进行高炉喷煤试验，1966 年阿姆科钢铁公司的阿什兰厂利用巴布科-威尔克斯公司合作开发的喷吹系统在贝勒丰特高炉上正式开始了工业应用，在 20 世纪 60 年代后期年平均喷煤量达到了约 45kg/t[3]。技术改进后，1973 年阿曼达高炉的平均喷煤量达到 58kg/t。在美国进行喷煤试验的同时，澳大利亚、欧洲和亚洲也进行了类似的试验。

高炉喷煤试验取得初步成功之时，高炉喷吹重油和天然气技术因具有工艺简单、投资低等优点得到了更大的发展和应用。但是，20 世纪 70 年代，由于两次石油危机的出现，世界各国的炼铁厂又开始广泛应用高炉喷煤技术，加快对高炉喷煤技术的研究和发展，特别是日本和欧洲在实际应用上取得了重大突破。进入 20 世纪 80 年代后，高炉喷煤技术才真正意义上在世界范围内得到了广泛的应用与发展。

日本于 1981 年开始应用高炉喷煤技术，到 1992 年末采用喷煤技术的高炉占比达到 81.8%，1995 年日本所有的高炉全部采用高炉喷煤技术，并且多座高炉月均喷煤比超过了 200kg/t。

在 20 世纪 90 年代初期，国外高炉喷煤技术快速发展，煤比大幅增加，西欧、日本等国的部分厂家依靠自身良好的技术设备和研发能力，实现了年喷煤比超过 200kg/t 的纪录，并一直保持世界领先水平[4]，日本的加古川 1 号高炉、神户 3 号高炉、福山 4 号以及君津 3 号高炉喷煤比均大于 200kg/t，其中加古川 1 号高炉和神户 3 号高炉分别持续了 13 个月和 12 个月。同时美国、意大利、英国等国家也在大力发展高炉喷煤技术，美国联各里 13 号高炉以 210kg/t 的喷煤比维持了 2 个月，意大利的塔兰托 4 号高炉维持 204kg/t 的喷煤比 2 个月，英国的维多利亚女王号高炉喷煤比也突破 200kg/t，并维持了 2 个月[5]。

由于各国资源状况不同，高炉喷吹燃料也有所差别，煤粉是高炉的主要喷吹燃料。北美高炉除了喷吹煤粉外，大部分还喷吹油和天然气，为降低生产成本，国外钢铁企业很重视在提高喷煤比的同时，保持较低的燃料比。2011年，欧洲各国主要高炉的平均喷煤比为143kg/t，塔塔钢铁艾莫伊登6号和7号高炉的平均喷煤比均达到200kg/t以上，处于较为领先的水平[6]，2014年欧洲的3座高炉：瑞典Lulea 3号高炉、德国蒂森施韦尔根2号高炉和德国蒂森汉博恩8号高炉的喷煤比分别为144kg/t、174kg/t、198kg/t，燃料比最高为502kg/t。2013年，韩国浦项钢铁浦项厂的平均喷煤比为179kg/t，达到了较高的水平；2015年，韩国高炉多数指标比较先进，燃料比低于500kg/t，光阳和浦项平均喷煤比分别为170.6kg/t和170.5kg/t。2008~2013年日本高炉喷煤比逐年上升，2011年，日本高炉的平均喷煤比为151kg/t，新日铁住金名古屋3号高炉的平均喷煤比达到189kg/t，2013年，日本高炉的平均喷煤比达到了169kg/t，燃料比较低[7]。

我国的高炉喷煤历史始于20世纪60年代，首钢、鞍钢对高炉喷煤技术展开研究并投入生产[8]。因此，我国是最早实现高炉喷煤技术的国家之一。但此后的20多年时间里，高炉喷吹的基本都是无烟煤，甚至少数高炉喷吹未经洗选的原煤，并且受喷煤设备落后等问题的影响，我国高炉喷煤工艺发展缓慢，平均喷煤比只有50~60kg/t。

20世纪90年代之后，高炉喷煤技术被纳入国家科技攻关计划，大型高炉全部配备喷煤装置，同时喷吹煤粉的高炉数量不断增加，大喷煤成为我国高炉炼铁技术发展的重要举措。从1995年起，我国高炉喷煤比不断提高，1995年重点企业平均喷煤比仅为58kg/t，到20世纪末已经达到118kg/t，2002年达到了125kg/t[9]。进入21世纪，由于世界石油价格大幅提高，加上我国多煤少油的资源现状，使得高炉喷煤的效益大幅提高，我国高炉喷煤技术进入一个崭新的快速发展阶段，国内新建或拟建的高炉设计喷煤比大多在200kg/t以上[10]。

目前，我国所有高炉均实施喷吹煤粉，宝钢、首钢、鞍钢等技术先进的企业煤比已经接近或达到世界先进水平，例如宝钢1号高炉煤比稳定保持在200kg/t以上，其中，1999~2002年煤比稳定在230~240kg/t[11]，大中型钢铁企业不断扩大喷煤量。目前，国际先进水平的高炉燃料比低于500kg/t，2017年我国只有宝钢集团的高炉燃料比达到该水平。中钢协统计数据显示的我国重点企业历年的高炉喷煤比如图1-1所示[12]。近年，我国高炉喷煤比总体水平不高，炼铁企业因焦炭与煤粉的价差在缩小，已不再追求过高的喷煤比，而是寻求经济喷煤比，提高煤粉的置换比，实现炼铁成本的最优化。

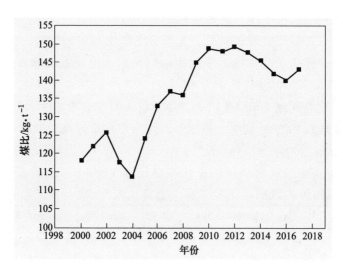

图 1-1　近年来我国重点企业的高炉喷煤比

1.3　本章小结

中国是世界上较早实现高炉喷煤的国家，也是一直坚持喷吹煤粉的国家之一。中国高炉喷煤的普及率较高，喷煤总量在世界上遥遥领先，但由于地域不同，各厂的原料水平和喷吹用煤的物理性能及工艺性能也不同，高炉自动化水平与操作水平也有差距，大部分厂家受科研力量较弱和检测手段的不完善等多方面因素影响，导致中国高炉炼铁高炉喷煤量波动范围较大，约为 100~200kg/t。

中国钢铁生产的能源结构中煤炭占到 70%，特别是高炉炼铁所需的能源有 70%~80% 都来自碳素燃烧。虽然我国煤储量大，煤炭总储量 8000 亿吨，但是各煤炭种类所占比例相差较大，分布极其不均。我国每年高炉喷吹煤粉超过 1 亿吨，喷煤结构主要为无烟煤，配加少量的烟煤。我国无烟煤资源稀缺，而低阶煤资源丰富，喷煤结构与资源结构存在明显矛盾。因此，拓展高炉喷吹燃料资源范围，缓解我国高炉喷煤对优质无烟煤资源的依赖是目前炼铁工作者的紧迫任务。

参 考 文 献

[1] 刘云彩. 高炉喷煤极限量实践及发展前景 [C] // 中国金属学会炼铁年会. 1993 年炼铁学术年会论文集, 河北唐山, 1993: 718~724.

[2] 廖希贞, 王立声, 晏伟. 高炉喷吹烟煤 [J]. 钢铁, 1979 (4): 11~17.

[3] Maki A, Sakai A, Takaqaki N, et al. High rate coal injection of 218kg/t at Fukuyama No. 4 blast furnace [J]. ISIJ International, 1996, 36 (6): 650~657.

［4］杨天钧，刘应书，杨珉．高炉富氧喷煤-氧煤混合与燃烧［M］．北京：科学技术出版社，1998．

［5］王炜，毕学工，傅士敏．国内外高炉喷煤现状及主要技术措施［J］．武汉科技大学学报（自然科学版），2002，21（1）：11~12．

［6］Naito M，Takeda K，Matsui Y．Ironmaking technology for the last 100 years：Deployment to advanced technologies from introduction of technological know-how，and evolution to next-generation process［J］．ISIJ International，2015，55（1）：7~35．

［7］王维兴．高炉燃料比影响因素分析［N］．世界金属导报，2016-08-02（B02）．

［8］刘云彩．我国高炉喷煤的成就及发展［J］．钢铁，1994，29（9）：71~76．

［9］裴西平．我国高炉喷煤现状及供求趋势分析［J］．炼铁，2003，22（5）：33~36．

［10］侯兴．国内外高炉喷煤现状和发展［J］．江西冶金，2012（3）：40~42．

［11］徐万仁，李肇毅，郭艳玲．宝钢1号高炉经济喷煤比生产实践［J］．炼铁，2010，29（1）：29~31．

［12］王维兴．2017年我国炼铁生产技术评述［N］．世界金属导报，2018-03-13（B02）．

2 高炉喷吹低阶煤技术与工业应用

目前我国高炉炼铁喷吹用煤主要以无烟煤为主，少数钢铁企业采用贫煤、贫瘦煤、瘦煤、不黏煤与无烟煤混合喷吹。无烟煤在喷吹燃料中长期占据主导地位的主要原因是无烟煤具有热值高、喷吹安全性好、煤焦置换比高、高炉易接收等优点。但从煤炭资源分布来看，我国的无烟煤资源不足8%，烟煤储量约为73.7%，低阶煤资源储量丰富[1]。同时，从经济方面考虑，无烟煤价格价高，低阶煤价格低廉。因此，无论是从资源可持续发展的角度，还是从高炉炼铁降本增效的角度考虑，都需要着力提升低阶煤在高炉喷吹中使用比例，开发高炉喷吹低阶煤技术。本书中讨论的低阶煤主要以褐煤和高挥发分烟煤为代表。

2.1 烟煤、褐煤的基础性能与工艺性能

高炉喷吹煤的基础特性指煤粉本征特性，通常包括工业分析、元素分析、灰成分、灰熔点、发热值和黏结性。高炉喷吹煤的工艺性能是指为满足高炉喷吹工艺的需要应具备的性能，该性能指标用于衡量喷吹煤在高炉制粉过程、煤粉输送过程和燃烧放热过程的安全稳定，通常包括可磨性、流动性、喷流性、燃烧性、反应性、着火点和爆炸性等。

2.1.1 工业分析

煤的工业分析是包括煤的水分（M）、灰分（A）、挥发分（V）和固定碳（FC）4个分析项目指标的测定的总称。煤的工业分析是了解煤质特性的主要指标，也是评价煤质的基本依据。通常煤的水分、灰分、挥发分是直接测出的，而固定碳是用差减法计算出来的。钢铁企业在进行喷吹煤的工业分析时一般根据国家标准 GB/T 212—2008。

（1）灰分。灰分是指煤中不可燃的各种矿物质，它包括惰性和非惰性矿物质，其中非惰性矿物质是指可通过催化或非催化反应发生化学变化，煤中的灰分在煤燃烧后的主要成分是 SiO_2、Al_2O_3、Fe_2O_3、CaO、MgO、TiO_2、Na_2O 等。高炉喷吹要求煤的灰分含量越低越好。因为随着煤粉中灰分含量升高，高炉理论燃烧温度和煤粉燃烧效率都将降低，导致煤焦置换比降低。煤粉灰分对高炉焦比的影响，相当于焦炭灰分对焦比的影响，实际生产中也发现，不同的煤比条件下高炉喷吹煤粉灰分对焦比的影响有着不同程度的线性关系，如图 2-1 所示。

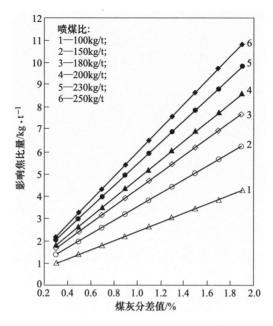

图 2-1 煤粉灰分对焦比的影响

由图 2-1 可以看出，在高炉设定的 150kg/t 的煤比条件下，煤粉灰分每升高 1%，实际造成的焦比将降低近 3%，这样的影响对于高炉生产来说是很大的。因此，应尽量选用低灰分的煤。我国高炉喷煤的灰分标准见表 2-1。

表 2-1 煤炭灰分分级

序 号	级别名称	代 号	A_d/%
1	特低灰煤	SLA	5
2	低灰分煤	LA	5.01~10.00
3	低中灰煤	LMA	10.01~20.00
4	中灰分煤	MA	20.01~30.00
5	中高灰煤	MHA	30.01~40.00
6	高灰分煤	HA	40.00~50.00

（2）挥发分。挥发分是煤在隔绝空气加热的情况下，逸出的气态产物（水蒸气除外），煤的挥发分含量随煤化度升高而降低。煤的挥发分的成分主要有 CO_2、CO、H_2、CH_4、C_2H_2、C_3H_3、C_3H_6 及少量的环状烃（C_mH_n）。

煤的挥发分含量对高炉喷吹效果有较大影响。一般认为，挥发分含量越高，煤的燃烧率越高，从这一点看，煤的挥发分含量高较为有利；然而由于挥发分高，煤的爆炸性能增强，煤在风口前燃烧需要吸收更多的热，因此要求更多的热补偿。我国高炉喷煤的挥发分标准见表2-2。

表2-2 煤的挥发分产率分级

序 号	级别名称	代 号	$V_{daf}/\%$
1	特低挥发分煤	SLV	≤10.00
2	低挥发分煤	LV	>10.00~20.00
3	中等挥发分煤	MV	>20.00~28.00
4	中高挥发分煤	MHV	>28.00~37.00
5	高挥发分煤	HV	>37.00~50.00
6	特高挥发分煤	SHV	>50.00

（3）固定碳。固定碳是煤脱去挥发分和灰分后的可燃物，它是煤的主要发热部分。在一定范围内，固定碳越高，发热值越大，对喷煤越有利。因此，一般要求喷吹用煤的固定碳在70%~87%之间（研究表明，当固定碳大于87%时，随着固定碳增加，发热值反而越低）。

（4）高炉喷吹用煤多为洗精煤，全水分含量一般较高，使煤在储运过程中容易破裂，增加运输费用，同时又降低了煤的发热量，在磨制煤时消耗热量，降低了磨煤机的产量。另外，喷入高炉的水分在风口前要分解吸热，增加补偿热，无补偿手段时会降低喷吹量，因此全水分越低越好。国家标准规定：高炉喷吹用无烟煤全水分≤12.00%；贫煤、贫瘦煤、气煤（$G_{R,I}<50$）全水分≤8.00%；长焰煤、不黏煤、弱黏煤全水分≤14.00%。

国内钢铁企业高炉喷吹用煤的情况见表2-3，喷吹煤的种类包括无烟煤、瘦煤、烟煤、气煤和褐煤。从统计情况来看，钢铁企业目前主要以无烟煤为主，无烟煤的种类多，成分波动也较明显，固定碳在64%~82%之间波动，挥发分在5%~15%之间波动，灰分在8%~17%之间波动，水分在0.5%~10%之间波动。一般钢铁企业选择优质无烟煤通常采用"双七"指标，即固定碳含量大于70%，热值大于7000大卡。

表2-3 国内钢铁企业用煤工业分析情况

试样编号	种 类	煤粉	水分/%	挥发分/%	灰分/%	固定碳/%
1	无烟煤	代王	3.95	6.91	11.58	77.56
2	无烟煤	青町1	3.7	10.63	11.28	74.39
3	无烟煤	白羊墅	5.77	11.31	13.12	69.8
4	无烟煤	凤山	8.23	14.21	12.99	64.57
5	无烟煤	焦作北	5.27	12.41	13.11	69.21
6	无烟煤	华仁	5.7	12.21	13.15	68.94

试样编号	种　类	煤粉	水分/%	挥发分/%	灰分/%	固定碳/%
7	无烟煤	新井	9.97	12.85	13.18	64
8	无烟煤	朝鲜	6.05	6.91	16.43	70.61
9	无烟煤	井陉	6.37	13.45	13.64	66.54
10	无烟煤	波头	6.2	9.6	13.33	70.87
11	无烟煤	内蒙古	3.34	9.13	12.96	74.57
12	无烟煤	高平	1.98	9.1	13.88	75.04
13	无烟煤	昊林	0.5	9.69	10.61	79.2
14	无烟煤	白杨墅	0.58	7.28	10.2	81.94
15	无烟煤	俄煤	0.72	5.06	16.58	77.64
16	无烟煤	恒源	1.86	9.01	9	80.13
17	无烟煤	青町2	2.1	7.78	10.55	79.57
18	无烟煤	神火	1.99	7.84	11.07	79.1
19	无烟煤	东沛	5.25	6.91	12.82	75.02
20	无烟煤	广汇	5.67	9.42	16.74	68.18
21	无烟煤	宁煤	1.61	9.73	14.08	74.58
22	无烟煤	中欣	4.02	9.8	8.52	77.66
23	瘦煤	三给村	3.37	13.48	11.02	72.13
24	瘦煤	潞安	3.58	11.49	10.35	74.58
25	瘦煤	凌钢电精煤	0.2	14.19	10.06	75.55
26	烟煤	神通	5.72	33.77	7.68	52.83
27	烟煤	宣化	5.54	33.5	9.7	51.26
28	烟煤	贡红	1.1	31.18	8.58	59.14
29	烟煤	神华	5.27	23.94	9.04	61.75
30	烟煤	动力煤	4.95	23.4	10.41	61.24
31	烟煤	凌钢烟煤	7.6	26.48	11.8	54.12
32	气煤	济阳气煤	12.26	32.11	7.95	47.68
33	褐煤	津凯	14.68	41.08	8.87	35.37
34	褐煤	凌钢褐煤	13.35	33.84	11.43	41.38
35	褐煤	新能	18.13	36.2	7.08	38.59
36	褐煤	滨辛	17.28	37.21	7.74	37.77
37	褐煤	郭磊庄	18.55	31.67	10.88	38.9

对比分析烟煤、褐煤与无烟煤的工业分析结果，如图 2-2 和图 2-3 所示，烟煤、

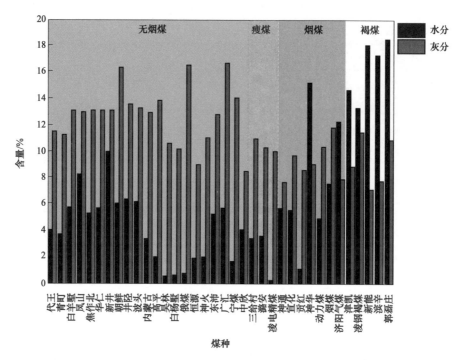

图 2-2　不同煤种的水分与灰分含量对比

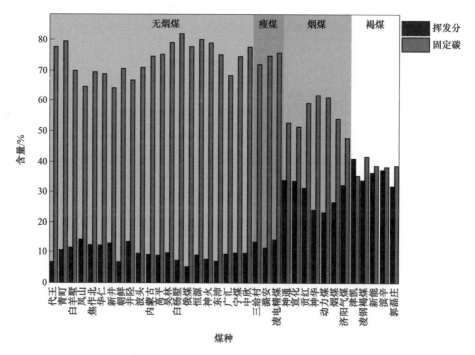

图 2-3　不同煤种的挥发分与固定碳含量对比

褐煤相比于无烟煤的成分具有较大的差异性，即烟煤、褐煤的挥发分较无烟煤的挥发分高约 20%~30%，其固定碳较无烟煤的固定碳低约 30%~40%。由此可以推测，喷吹过程中褐煤和烟煤的有效发热值将比无烟煤低。此外，褐煤的显著特点是含水量高，约为 13%~19%。高炉喷吹用褐煤和烟煤属于中高挥发分、低灰分煤种，而无烟煤属于低挥发分、低中灰分煤种。

2.1.2 元素分析

煤的元素分析指测定煤中有机质的元素含量。煤的元素分析项目主要包括碳、氢、氧、氮、硫和磷等。其中碳、氢和氮是测定的，氧是通过计算求得的；硫和磷根据煤质研究和生产上的要求另行测定。通过测定煤中主要元素的含量，可以初步了解煤的化学性质和煤化程度，计算煤的发热量，估算与预测煤的炼焦产品、低温干馏产率，为有效利用提供依据。煤的元素分析一般按照国标 GB/T 31391—2015 进行。煤中的 S、P、碱金属是对高炉冶炼有害的元素，要求含量越低越好。煤的含硫量应与使用的焦炭含硫量相同，一般要求 $S_{t,d} < 1.0\%$。我国高炉喷煤的硫分分级标准见表 2-4。

表 2-4 煤炭硫分分级

序　号	级别名称	代　号	$S_{t,d}/\%$
1	特低硫煤	SLS	≤0.50
2	低硫分煤	LS	0.51~1.00
3	低中硫煤	LMS	1.01~1.50
4	中硫分煤	MS	1.51~2.00
5	中高硫煤	MHS	2.01~3.00
6	高硫分煤	HS	>3.00

国内钢铁企业高炉喷吹用煤的元素分析结果见表 2-5。从表中可以看出大多数高炉喷吹煤的硫含量均在行业要求范围内（<1%），属于低灰分硫煤。少数喷吹煤硫含量超过 1%，通常作为混合煤，少量配加使用。

表 2-5 国内钢铁企业喷吹煤的元素分析情况

试样编号	种　类	煤粉	$C_{ad}/\%$	$H_{ad}/\%$	$O_{ad}/\%$	$N_{ad}/\%$	$S_{ad}/\%$	H/C 比	O/C 比
1	无烟煤	代王	81.69	2.47	1.55	0.11	1	3.0	1.9
2	无烟煤	青町1	78.26	3.33	1.75	1.38	0.33	4.3	2.2
3	无烟煤	白羊墅	74.3	2.83	4.55	0.1	1.7	3.8	6.1
4	无烟煤	凤山	70.72	2.29	6.45	1.08	1.29	3.2	9.1
5	无烟煤	焦作北	76.45	2.62	4.13	0.06	0.32	3.4	5.4

试样编号	种　类	煤粉	C_{ad}/%	H_{ad}/%	O_{ad}/%	N_{ad}/%	S_{ad}/%	H/C 比	O/C 比
6	无烟煤	华仁	76.6	2.41	4.42	1.21	1.37	3.1	5.8
7	无烟煤	新井	75.01	2.16	5.31	1.23	1.56	2.9	7.1
8	无烟煤	朝鲜	77.53	0.58	1.16	0.64	0.2	0.7	1.5
9	无烟煤	井陉	75.39	2.67	4.81	1.22	1.54	3.5	6.4
10	无烟煤	波头	76.32	2.54	3.5	1.17	2.11	3.3	4.6
11	无烟煤	内蒙古	79.17	3.45	3.51	1.01	0.98	4.4	4.4
12	无烟煤	高平	76.85	3.26	3.67	1.41	2.91	4.2	4.8
13	无烟煤	昊林	81.5	3.12	2.1	1.02	0.54	3.8	2.6
14	无烟煤	白杨墅	81.12	2.95	1.99	1.14	0.76	3.6	2.5
15	无烟煤	俄煤	76.1	1.12	4.18	0.92	0.38	1.5	5.5
16	无烟煤	东沛	78.39	1.88	1.91	0.82	0.62	2.4	2.4
17	无烟煤	广汇	75.3	2.1	3.08	0.8	0.48	2.8	4.1
18	无烟煤	宁煤	80.07	2.86	2.42	0.85	0.37	3.6	3.0
19	无烟煤	中欣	83.92	2.02	2.77	0.92	0.35	2.4	3.3
20	瘦煤	三给村	74.97	3.36	4.18	1.35	1.68	4.5	5.6
21	瘦煤	潞安	80.97	3.49	2.08	0.09	0.14	4.3	2.6
22	烟煤	神通	67.25	3.29	12.12	0.76	0.54	4.9	18.0
23	烟煤	宣化	69.15	3.43	10.72	0.78	0.35	5.0	15.5
24	烟煤	贡红	71.41	3.7	14.21	0.86	0.14	5.2	19.9
25	气煤	济阳气煤	75.37	4.47	8.18	1.69	1.16	5.9	10.9
26	褐煤	津凯	60.76	2.76	13.87	0.64	0.19	4.5	22.8
27	褐煤	新能	66.58	3.82	19.1	1.06	1.05	5.7	28.7
28	褐煤	滨辛	65.6	4.09	20.66	1.1	0.17	6.2	31.5
29	褐煤	郭磊庄	66.4	3.78	17.68	1.04	0.94	5.7	26.6

　　图2-4和图2-5所示为不同煤种元素分析的具体对比结果。从图中可以看出，随着煤化程度的降低，喷吹煤中的碳元素含量大幅降低，氧元素和氢元素含量逐渐增加，即当高炉喷吹煤由无烟煤向烟煤、褐煤的方向发展时，将导致喷吹燃料中的C元素减少，O和H元素含量增加，N和S元素的含量相差不大。进一步对比分析H/C比和O/C比，可以发现H/C比随煤种变化的波动较小，而O/C比随煤种变化的波动较大，尤其是气煤、褐煤等低变质程度煤的O/C比较高变质程度的无烟煤的O/C比高很多。产生上述差异性的根本原因是随着煤的变质程度的增加，煤的含氧官能团逐渐减少，碳结构中的芳香碳结构逐渐增多，碳基结构

有序化程度增加。因此，高比例烟煤、褐煤喷吹时，需要关注煤粉中 C、O 等元素的变化可能给高炉带来的理论燃烧温度降低等问题。

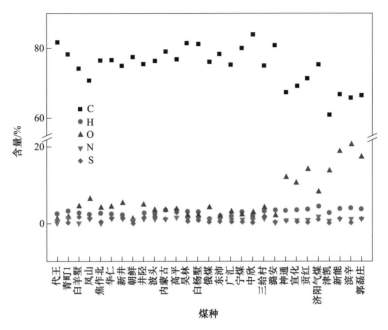

图 2-4　钢铁企业喷吹用煤的元素分析结果

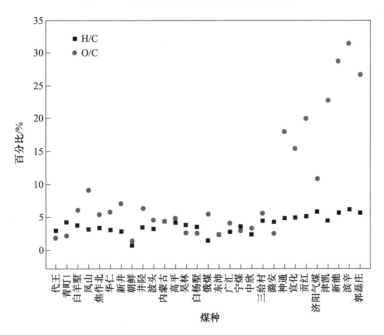

图 2-5　钢铁企业喷吹用煤的 H/C 与 O/C 分析结果

2.1.3 灰成分分析

煤灰的成分对灰熔融性及高炉炉渣都有很大的影响。煤的熔融性主要取决于它们的化学组成。煤灰各主要成分对其熔融性能的影响如下：

（1）氧化铝（Al_2O_3）。在煤灰熔融时起"骨架"作用，它会明显提高灰的熔融温度。Al_2O_3含量增加时，灰的熔融温度也升高；当灰的含量超过40%时，煤灰的软化温度一般超过1500℃。

（2）氧化硅（SiO_2）。在煤灰熔融时具有"助熔"作用，特别是煤灰中碱性组分含量较高时，助熔作用更明显。但是SiO_2的含量与灰熔融温度的关系不太明显，一般来说，SiO_2含量大于40%的灰熔融温度比低于40%的灰熔融温度要高100℃左右，SiO_2含量在45%~60%范围内时熔融温度随其含量的增加而降低。

（3）氧化铁。在弱还原气氛中，氧化铁以FeO形式存在，随着FeO含量的增加，煤灰熔融温度开始下降；当FeO的摩尔百分数增加时，熔融温度升高。在氧化气氛中，氧化铁呈Fe_2O_3形式存在，它总是起升高熔融温度的作用。

（4）氧化钙（CaO）。在煤灰熔融时起到助熔作用，但当其含量超过一定限度后（煤灰中CaO超过30%），它又起升高熔化温度的作用。

（5）其他。氧化镁、氧化钠和氧化钾在煤灰熔融中都起到助熔作用。

高炉喷煤中的灰分最终是进入高炉炉渣的，它对高炉炉渣的影响是由于煤灰中含有较多的SiO_2、Al_2O_3，两者约占60%~80%，其余为少量的CaO、MgO，一般会形成酸性渣，因此必须加入溶剂来造碱性渣，这样才能达到高炉炉渣的碱度。故高炉喷煤使用的煤粉应尽量选用灰分少的煤种。

钢铁厂常用高炉喷吹煤的灰成分分析见表2-6。从表中可以看出，无烟煤、烟煤、褐煤等不同煤种的灰成分规律并不明显，表明煤灰成分与煤的变质程度关系不大。比如在烟煤、无烟煤中，对于高炉冶炼通常关注的硫含量、碱金属（钾、钠）含量、灰分碱度等，较高或较低的煤种均有。实际上，煤粉灰分的成分与原煤的地质环境密切相关，不同开采地的煤粉灰成分差异显著。

表 2-6　国内钢铁企业喷吹煤的灰成分分析情况　　　　　　（%）

试样编号	种类	煤粉	CaO	SiO_2	R_2	Al_2O_3	MgO	Fe_2O_3	SO_3	TiO_2	Na_2O	K_2O
1	无烟煤	昊林	7.27	46.96	0.15	24.84	2.63	7.12	4.60	0.81	0.33	2.95
2	无烟煤	白杨墅	1.76	49.60	0.04	40.82	0.37	2.24	0.41	1.67	1.06	0.77
3	无烟煤	俄煤	0.99	59.89	0.02	28.39	1.01	5.37	0.29	0.80	0.23	2.62
4	无烟煤	东沛	21.59	22.47	0.96	11.41	4.47	12.96	20.28	0.64	3.97	0.40
5	无烟煤	广汇	39.49	18.22	2.17	10.61	2.05	7.86	16.71	0.44	2.97	0.26
6	无烟煤	宁煤	15.62	38.84	0.40	16.04	4.39	7.65	12.07	1.05	2.09	1.39

试样编号	种类	煤粉	CaO	SiO$_2$	R$_2$	Al$_2$O$_3$	MgO	Fe$_2$O$_3$	SO$_3$	TiO$_2$	Na$_2$O	K$_2$O
7	无烟煤	中欣	10.19	45.35	0.22	24.78	1.49	5.28	7.05	1.55	1.43	1.95
8	瘦煤	三给村	23.82	26.84	0.89	15.15	5.34	10.91	11.61	0.94	3.51	0.45
9	烟煤	神通	14.19	43.59	0.33	19.89	2.07	8.44	8.17	0.64	1.34	0.95
10	烟煤	宣化	12.41	47.72	0.26	19.93	2.18	8.16	5.50	0.66	1.15	1.27
11	烟煤	贡红	17.80	44.14	0.40	22.43	2.38	4.89	5.19	0.76	0.61	0.73
12	褐煤	津凯	26.16	30.20	0.87	16.98	7.33	4.80	12.17	0.66	0.43	0.40

2.1.4 灰熔点

煤灰是一个多组分的混合物，没有固定的熔点而只有一个熔融的温度范围。煤灰是煤中矿物质在较高温度下的燃烧产物，主要含有硅、铝、铁、钙、镁、钾、钠等的硅酸盐、碳酸盐、硫酸盐和硫化物，以及高岭土、石英等，经高温灼烧后大部分被氧化或分解。这些产物的含量和性质就决定了煤灰的熔融性。在一定温度下煤灰中各组分还会形成共熔体，这种共熔体在熔化状态时有熔解煤灰中高熔点组分的性质，从而改变熔体成分和熔化温度。因此，煤灰开始熔化的温度比任一单纯矿物组分的熔点都低。煤粉的灰熔点太低对高炉喷吹不利，甚至导致风口或喷枪前结渣。低灰熔点灰分融化时会阻碍氧气进入尚未燃烬的煤粉颗粒内部，导致不完全燃烧。另外，灰熔点太低会加速煤粉颗粒之间的聚集及沉积。因此，一般希望喷吹煤粉的灰熔点略高，较为有利。煤粉的灰熔点与煤灰分的组成有关，一般煤灰成分含硅、铝高，灰熔点就高；含钙、铁高，则灰熔点低。因为 Fe$_2$O$_3$ 熔点较低，而 CaO 与 SiO$_2$ 将形成低熔点共熔体。灰分中 Fe$_2$O$_3$ 和 CaO 升高，能够减少熔剂的加入量，降低渣量，因此采用这几种煤进行喷吹也有较为有利的一面。

煤灰熔融性是表征煤灰在一定条件下随加热温度变化而发生的变形、软化、呈半球状和流动特征的物理状态。当在规定条件下加热煤灰试样时，随着温度的升高，煤灰试样会从局部熔融到全部熔融并伴随产生一定的物理状态——变形、软化、呈半球状和流动。人们以对应这 4 个特征物理状态的温度来表征煤灰熔融性。

煤灰熔融性是煤的一个重要质量指标。煤灰的熔融温度可反映出煤中矿物质在高炉中的动态，根据它可以预测结渣的情况。在上述特征温度中，软化温度用途较广，一般是根据它来选择合适的燃烧设备，根据燃烧设备类型来选择具有合适软化温度的原料煤。例如，液态排渣要求使用熔融温度低的煤。高炉是液态排渣的气化设备，温度高，对煤灰熔融温度的适应范围较宽。煤灰熔融温度低，粗粒度的煤粉在燃烧后剩余的部分易被熔融的灰分包裹，对提高煤粉的燃烧率不利。高炉渣要有良好的流动性，煤灰完全流动的温度若过高，对脱硫等不利。

测定灰分熔融性按照国标 GB/T 219—2008 进行，煤灰软化温度分级见表2-7。

表2-7　煤灰软化温度分级

序　号	级别名称	代　号	分级范围 ST/℃
1	低软化温度灰	LST	≤1000
2	较低软化温度灰	RLST	>1100~1250
3	中等软化温度灰	MST	>1250~1350
4	中高软化温度灰	RHST	>1350~1500
5	高软化温度灰	HST	>1500

钢铁企业典型煤种的4种灰熔性特征温度见表2-8，其中煤种软化温度如图2-6所示。可以发现钢铁企业不同煤种的软化温度差异显著，即便同一类别煤种的软化温度也明显不同，煤灰软化温度分级也跨度很大，分布于低软化温度灰到高软化温度灰之间。例如，无烟煤中白羊墅煤的软化温度大于1510℃，而无烟煤中的中欣煤的软化温度仅有1135℃。随着煤化程度的增加，煤灰熔点的变化并未呈现有序的规律，即褐煤、烟煤相比于无烟煤的灰熔点没有明显的特征。因此，钢铁企业在使用褐煤、烟煤时，要单独测量、评价煤种的灰熔特性，避免灰熔点较低带来的喷吹管结渣、侵蚀等问题。

表2-8　钢铁企业不同煤种的灰熔特性特征温度　　　　　　　　（℃）

试样编号	种类	煤粉	变形温度（DT）	软熔温度（ST）	半球温度（HT）	流动温度（FT）
1	无烟煤	代王	1305	1315	1395	1405
2	无烟煤	青町1	1450	1510	>1510	>1510
3	无烟煤	白羊墅	1440	>1510	>1510	>1510
4	无烟煤	凤山	1300	1310	1345	1385
5	无烟煤	焦作北	1290	1420	1495	1510
6	无烟煤	华仁	1395	1410	1420	1430
7	无烟煤	新井	1220	1245	1320	1350
8	无烟煤	朝鲜	1255	1390	1465	1485
9	无烟煤	井陉	1295	1405	1455	1480
10	无烟煤	波头	>1510	>1510	>1510	>1510
11	无烟煤	内蒙古	1330	1350	1375	1405
12	无烟煤	高平	1365	1375	1385	1400
13	无烟煤	昊林	1190	1210	1230	1240

续表 2-8

试样编号	种　类	煤粉	变形温度（DT）	软熔温度（ST）	半球温度（HT）	流动温度（FT）
14	无烟煤	白杨墅	1470	>1470	>1470	>1470
15	无烟煤	俄煤	1360	1420	1450	1470
16	无烟煤	东沛	1130	1194	1242	1254
17	无烟煤	广汇	1133	1151	1162	1163
18	无烟煤	宁煤	1158	1192	1216	1250
19	无烟煤	中欣	1133	1135	1149	1168
20	瘦煤	三给村	1340	1405	1500	>1510
21	瘦煤	潞安	1330	1365	1445	1475
22	烟煤	神通	1100	1120	1130	1170
23	烟煤	宣化	1150	1160	1190	1200
24	烟煤	贡红	1200	1240	1280	1300
25	气煤	济阳气煤	>1510	>1510	>1510	>1510
26	褐煤	津凯	1230	1250	1270	1270
27	褐煤	新能	1215	1220	1225	1230
28	褐煤	滨辛	1165	1185	1200	1205
29	褐煤	郭磊庄	1200	1220	1230	1250

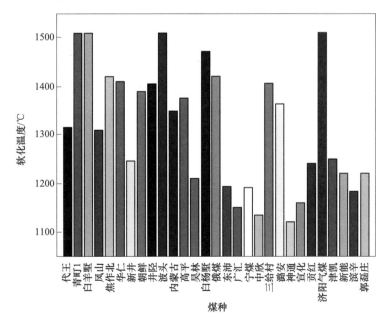

图 2-6　不同煤种的软化温度分布

2.1.5 发热值

煤的发热量是指单位煤（千克或克）燃烧所放出的热量。一般煤的发热量的测定按国家标准 GB 213—1987 进行，用焦耳/克（J/g）、千焦/千克（kJ/kg）和兆焦/千克（MJ/kg）来表示。

（1）弹筒发热量 $Q_\text{弹}$。指的是在实验室内用氧弹热量计直接测得的发热量。单位质量的煤在充有过量氧气的氧弹内燃烧，其终态产物为 25℃下的二氧化碳、过量氧气、氮气、硝酸、硫酸、液态水，以及固态灰时所放出的热量。

（2）高位发热量 $Q_\text{高}$。冶金行业规定，燃料完全燃烧后燃烧产物冷却到其中的水蒸气凝结成 0℃的水时放出的热量。

（3）低位发热值 $Q_\text{低}$。指的是燃料完全燃烧后燃烧产物中水蒸气冷却到 20℃时放出的热量。

我国煤炭发热量分级按照高位发热值的大小进行划分，见表 2-9。

表 2-9　煤炭发热量分级

序　号	级别名称	代　号	$Q/\text{MJ} \cdot \text{kg}^{-1}$
1	低热值煤	LQ	8.50~12.50
2	中低热值煤	MLQ	12.51~17.00
3	中热值煤	MQ	17.01~21.00
4	中高热值煤	MHQ	21.01~24.00
5	高热值煤	HQ	24.01~27.00
6	特高热值煤	SHQ	>27.00

钢铁企业不同煤种的灰熔特性特征温度见表 2-10。

表 2-10　钢铁企业不同煤种的灰熔特性特征温度　　　　（℃）

试样编号	种类	煤粉	弹筒发热值 /$\text{J} \cdot \text{g}^{-1}$	高位发热值 /$\text{J} \cdot \text{g}^{-1}$	低位发热值 /$\text{J} \cdot \text{g}^{-1}$
1	无烟煤	代王	30457.40	30408.67	—
2	无烟煤	青町1	31949.93	31898.81	—
3	无烟煤	白羊墅	28380.03	28340.61	—
4	无烟煤	凤山	27932.48	27887.79	—
5	无烟煤	焦作北	29172.62	29125.95	—
6	无烟煤	华仁	28860.15	28813.98	—
7	无烟煤	新井	27941.35	27896.64	—
8	无烟煤	朝鲜	25541.47	25500.61	—

试样编号	种　类	煤粉	弹筒发热值 /J·g^{-1}	高位发热值 /J·g^{-1}	低位发热值 /J·g^{-1}
9	无烟煤	井陉	28606.34	28560.57	—
10	无烟煤	波头	28857.9	28811.73	—
11	无烟煤	内蒙古	31015.44	30961.35	—
12	无烟煤	高平	28977.68	28928.57	—
13	无烟煤	昊林	31427.26	31376.97	30734.25
14	无烟煤	白杨墅	31233.76	31183.78	30576.08
15	无烟煤	俄煤	27303.36	27259.69	27028.97
16	无烟煤	东沛	—	29446.12	—
17	无烟煤	广汇	—	29197.57	—
18	无烟煤	宁煤	—	30544.97	—
19	无烟煤	中欣	—	31634.06	—
20	瘦煤	三给村	29507.14	29459.93	—
21	瘦煤	潞安	31627.25	31576.65	—
22	烟煤	神通	26087.43	26045.69	25367.95
23	烟煤	宣化	26656.75	26614.41	25907.83
24	烟煤	贡红	27830.77	27786.24	27024.04
25	气煤	济阳气煤	30667.47	30618.41	—
26	褐煤	津凯	23089.93	23062.23	22493.67
27	褐煤	新能	25867.58	25826.19	—
28	褐煤	滨辛	25967.32	25037.24	—
29	褐煤	郭磊庄	23969.80	23941.04	—

不同煤种的高温发热值如图 2-7 所示。从钢铁企业的喷吹煤的高位发热值的检测结果可以看出，高炉喷吹煤热值基本都大于 24MJ/g，属于高热值煤，部分煤种甚至是特高热值煤。

在实际生产中，一旦喷入高炉的煤粉颗粒进入直吹管的热风中，就暴露在氧化气氛中，在快速加热条件下热解反应和燃烧反应同时发生。煤粉的分解是吸热的，煤粉挥发分越高其吸热越多。

喷入高炉的煤粉在风口前的燃烧与煤在大气中或锅炉内的燃烧不同。在高炉的风口带碳多于氧，温度较高，喷入的煤粉燃烧后，最终只能氧化成 CO、H_2、N_2，而不能像在大气中燃烧生成 CO_2、H_2O、N_2。也就是说，煤粉中的碳燃烧放出的热量远远低于在大气中燃烧可放出的热量。H_2 在风口带不能提供热量，相反

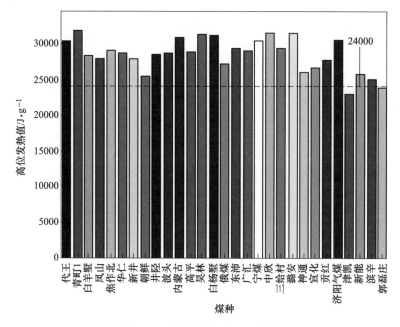

图 2-7　不同煤种的高温发热值

煤中有机物分解出来，还要吸热。煤粉分解热可以定义为每千克煤粉在高温惰性气体条件下分解为 C、H、CO、N_2 所吸收的热量。烟煤的分解热要大于无烟煤的分解热。此外高炉煤粉进入直吹管后，由于高温水分挥发，因此会发生水煤气反应，吸收热量，同时高温会导致煤粉分解吸收热量，煤粉燃烧后，煤灰参与成渣过程吸收热量，煤粉带入高炉的硫进入炉渣也会消耗热量。因此为了更加科学评价煤粉在高炉喷吹过程中提供的有用热量，定义高炉煤粉有效发热值的概念。

下面以某钢铁企业风口煤粉的有效发热值为例具体介绍有效发热值的计算。

煤粉的有效热＝煤粉在高炉内燃烧放出的热量－煤粉的分解热－煤灰的成渣热－煤灰脱硫耗热。即

$$Q_e = Q_1 - Q'_分 - (Q_{AS} + Q_{AP}) - Q_S \qquad (2-1)$$

（1）由于煤粉在高炉内不完全燃烧，煤粉反应后仅生成一氧化碳，因此根据盖斯定律可以得出：

$$Q_L = Q_1 + Q_2 \qquad (2-2)$$

式中　Q_L——煤粉的低位发热值，kJ/kg；

Q_1——煤粉在高炉内燃烧放出的热量，kJ/kg；

Q_2——煤粉在高炉内燃烧生成的 CO 完全燃烧放出的热量，kJ/kg。

低位发热值 Q_L 的计算公式：

$$Q_L = Q_H - 25.12(w(H_2O) + 9w(H)) \qquad (2-3)$$

式中 Q_H ——煤粉的高位发热值，kJ/kg；

$w(H_2O)$ ——煤粉中结晶水的质量分数，%；

$w(H)$ ——煤粉中氢的质量分数，%。

利用煤粉发热值测量仪测得风口煤粉的高位发热值为 28053kJ/kg，风口煤在空气干燥基条件下的元素分析见表 2-11。

表 2-11　风口煤的元素分析　　　　　　（%）

煤　种	M_{ad}	C_{ad}	H_{ad}	N_{ad}	O_{ad}	$S_{t,ad}$
风口煤	1.50	78.09	3.75	1.04	5.59	0.47

高炉喷吹煤粉中结晶水以 $FeSO_2 \cdot 7H_2O$ 形式存在，烟煤的结晶水含量一般为 0.1% 左右，工业生产中高炉的混合煤配比情况为烟煤：无烟煤＝43：57，因此，取风口煤中结晶水含量为 0.05%，根据式（2-3）可计算得到煤粉的低位发热值。根据式（2-2），计算高炉内煤粉燃烧放出的热量。高炉混煤的高位发热值为 28053kJ/kg，低位发热值为 27249kJ/kg，由 CO 燃烧放热的反应：

$$CO + \frac{1}{2}O_2 =\!=\!= CO_2 + \Delta H_2, \quad \Delta H_2 = -283.4kJ/mol \quad (2-4)$$

所以 $Q_2 = 18421kJ/kg$，$Q_1 = 8828kJ/kg$。

（2）煤灰带出高炉的热量分为两部分：一部分是灰分显热，另一部分是灰分从煤粉载气温度加热到炉渣温度过程中产生的相变焓和熔化焓。灰分的定压热容用式（2-5）表示：

$$c_P = A + Bt \quad (2-5)$$

式中 $A，B$ ——不同物质的定压比热容系数；

t ——开尔文温度，K。

单位质量煤灰的定压比热容为：

$$c_{PA} = n(SiO_2)c_{PSiO_2} + n(Al_2O_3)c_{PAl_2O_3} + n(CaO)c_{PCaO} + n(MgO)c_{PMgO}$$

灰分中不同物质的定压比热容系数见表 2-12。

表 2-12　灰分中主要物质的定压比热容系数

灰成分	$A/J \cdot K^{-1} \cdot mol^{-1}$	$B/J \cdot K^{-1} \cdot mol^{-1}$
SiO_2	114.8	0.01280
Al_2O_3	48.83	0.00452
CaO	42.59	0.00728
MgO	46.94	0.03431

c_{PA} 为 1053.56+0.135t，煤灰的显热 Q_{AS}：

$$Q_{AS} = \eta_A \int_{t_0}^{t_1} c_{PA} \mathrm{d}t \qquad (2\text{-}6)$$

式中　t_0——载气温度，K；

　　　t_1——炉渣温度，K；

　　　η_A——煤粉中灰分的质量分数，%。

载气温度为 25℃，铁水温度为 1500℃，煤粉中灰分的质量分数 η_A 为 7.86%，炉渣比铁水高 50℃，将 c_{PA} 代入式（2-6）中得 $Q_{AS} = 161.41\mathrm{kJ/kg}$。

单位质量煤粉的相变焓和熔化焓 $Q_{AP} = \eta_A Q_{AU}$，高炉内的温度不足以使氧化铝、氧化钙和氧化镁熔化，因此不考虑三者的熔化焓，故 Q_{AU} 为：

$$Q_{AU} = (251.7 + 21.7)w(\mathrm{SiO_2}) + 844.7w(\mathrm{Al_2O_3}) \qquad (2\text{-}7)$$

计算 Q_{AU} 为 347.5kJ/kg。单位质量煤粉中灰分的相变焓和熔化焓 Q_{AP} 为 27.31kJ/kg。

（3）煤灰脱硫耗热。高炉中的硫来自原料，煤粉中的硫主要以有机硫和无机硫形式存在，无机硫主要来自矿物质中各种含硫化合物。主要有硫化物硫和少量硫酸盐硫，偶尔也有元素硫存在。煤粉灰分中的硫会在高炉内进行脱硫反应，吸收热量。脱硫的耗热组成主要是硫化物分解为 S 和 S 转入炉渣成为 CaS。

$$\mathrm{FeS} =\!\!=\!\!= \mathrm{Fe} + \mathrm{S}, \qquad \Delta H = 2990\mathrm{kJ/kgS} \qquad (2\text{-}8)$$

$$\mathrm{FeS_2} =\!\!=\!\!= \mathrm{Fe} + 2\mathrm{S}, \qquad \Delta H = 2780\mathrm{kJ/kgS} \qquad (2\text{-}9)$$

$$\mathrm{CaO} + \mathrm{S} =\!\!=\!\!= \mathrm{CaS} + \frac{1}{2}\mathrm{O_2}, \quad \Delta H = 5410\mathrm{kJ/kgS} \qquad (2\text{-}10)$$

煤灰的脱硫耗热 $Q_S = (8190 \sim 8400)S_{MS}$，$S_{MS}$ 为吨铁煤粉中进入炉渣的硫的质量。根据高炉中硫平衡，炉料带入的硫=进入炉渣中的硫+随煤气逸出炉外的硫+生铁中含有的硫。按煤气带走了 10% 的入炉硫量计算。

$$0.9(O_S + C_S + M_S) - I(\mathrm{s}) = S_S \qquad (2\text{-}11)$$

式中　O_S——吨铁矿石带入的硫量；

　　　C_S——吨铁焦炭带入的硫量；

　　　M_S——吨铁煤粉带入的硫量；

　　　$I(\mathrm{s})$——铁水中溶解的硫量；

　　　S_S——吨铁炉渣带走的硫量。

因此由煤粉带入高炉并最终进入炉渣的硫量为：

$$S_{MS} = \frac{M_S}{O_S + C_S + M_S} \times S_S \qquad (2\text{-}12)$$

根据高炉的生产报表，焦比为 322kg/t，煤比为 148kg/t，焦丁比为 32kg/t，焦炭中硫含量为 0.79%，煤粉中硫含量为 0.46%，铁水中硫含量为 0.03%。全天烧结矿、氧球、钛矿与澳矿带入的硫量与全天高炉的产量之比即为吨铁原料带入的硫量。高炉入炉原料硫含量见表 2-13。

表 2-13 入炉中原料的硫含量 （%）

原　料	烧结矿	氧球	钛矿	澳矿
S 含量	0.025	0.0032	0.05	0.013

吨铁原料带入的硫量 O_S 为 0.322kg，吨铁焦炭带入硫量为 2.7kg，吨铁煤粉带入硫量为 0.68kg，吨铁带入总硫量为 3.79kg。吨铁铁水中硫量为 0.3kg。S_S 为 3.12kg。将数据带入公式，得到 S_{MS} 为 0.56kg，吨铁脱硫耗热 4582~4693kJ/kg，由于煤比为 148kg/t，故单位质量煤粉脱硫耗热为 $Q_S = 30.96~31.71$kJ/kg。

（4）煤粉分解热。通过本研究提出的煤粉分解热新计算方法，计算高炉喷吹煤粉在风口前分解吸热情况。煤粉进入直吹管后会吸热分解成 C、CO、H_2、N_2 等，根据盖斯定律，化学反应的热效应只与其始末态有关，煤粉的分解热为：

$$Q_d = Q_b - Q_t \tag{2-13}$$

式中　Q_d ——煤粉的分解热，kJ/kg；

　　　Q_b ——煤粉的弹筒发热值，kJ/kg；

　　　Q_t ——分解后煤粉中元素与氧反应冷却到室温所放出的总热量，kJ/kg。

根据风口煤元素分析和灰分含量可以分别计算出 1kg 煤粉干燥基分解后 C、CO、H_2 和 N_2 的摩尔量。对风口煤煤灰进行成分分析，结果见表 2-14。

表 2-14 高炉风口煤煤灰成分分析 （%）

灰成分	SiO_2	Al_2O_3	CaO	Fe_2O_3	SO_3	MgO	Na_2O	TiO_2	P_2O_5
百分比	43.53	27.05	8.35	7.76	4.19	2.36	2.77	1.64	0.86

根据表 2-14 中风口煤的元素分析，氧的质量百分比为 5.59%，煤粉中氧一部分发生化学反应生成 CO，一部分存在于灰分中，由于灰分化学稳定性好，因此只有碳链上的氧会分解，进而形成 CO。风口煤灰分含量为 9.79%，对灰分中不同组分进行加权求和计算氧的含量：

$$A_O = 43.53 \times 32/60 + 27.05 \times 48/102 + 8.35 \times 16/56 + \cdots + 0.86 \times 80/142 \tag{2-14}$$

$A_O = 45.97$，1kg 煤粉中进入煤灰的氧量为 0.045kg，生成 CO 的氧量为 0.0109kg，生成的 CO 为 0.68125mol，煤粉分解后形成的碳量为 64.39mol，氢量为 18.75mol。根据不同组分焓的加权计算可得出：

$$Q_t = \Delta H_C n_C + \Delta H_{CO} n_{CO} + \Delta H_{H_2} n_{H_2} \tag{2-15}$$

计算得 Q_t 为 31053.2kJ/kg，煤粉的弹筒发热值 Q_b 为 28059.37kJ/kg，则 Q_d 为 2993.83kJ/kg，煤粉有效热 $Q_e = 5613.74~5614.49$kJ/kg。

喷煤过程中燃烧放热和分解脱硫等耗热的数据见表 2-15。

表 2-15　高炉内煤粉热量数据　　　　　　　　（kJ/kg）

Q_e	Q_1	Q_d	Q_{AS}	Q_{AP}	Q_S
5613. 74~5614. 49	8828	2993. 83	161. 41	27. 31	30. 96~31. 71

从表 2-15 中可以看出，煤灰成渣耗热和分解耗热分别占到煤粉燃烧释放热量的 1.82% 和 33.91%。煤粉的有效热占到煤粉燃烧释放热量的 63.59%。因为高炉内煤粉肯定会发生分解的过程，这部分热量损失无法避免，而煤灰成渣耗热的大小与入炉煤粉的灰分含量相关，煤粉中所含的灰分含量减小，则煤粉的有效发热值提高，因此，应该控制高炉喷吹煤中的灰分含量。

2.1.6　可磨性

煤的可磨性指数标志着煤粉碎的难易程度。

高炉喷煤通常用粉煤，以利于燃烧，因此，必须磨细。煤的可磨性是指磨煤的难易程度，它主要与煤的变质程度有关。一般说来，焦煤和肥煤的可磨性指数较高，即易磨细；无烟煤和褐煤的可磨性指数较低，即不易磨细。此外，可磨性还随煤的水分和灰分的增加而减小，即同一种煤，水分和灰分越高，其可磨性指数就越低。工业上根据可磨性来设计磨煤机、估算磨煤机的产率和能耗，或根据煤的可磨性来选择适合某种特定型号磨煤机的煤种和煤源。

高炉喷吹用煤的可磨性指数应在 60~90 之间，低于 50 的煤很硬，难磨；高于 90 的烟煤虽然易磨，但往往是黏结性强的煤，可能给磨煤和输煤造成困难。可磨性系数有两种表示方法，即哈德格罗夫法系数和 вги 系数，前者主要用于西欧国家和美国，后者则用于东欧国家。目前 вги 系数由于其测定时操作不方便、测定结果再现性不好，已被哈德格罗夫法系数所取代。我国目前采用哈氏（哈德格罗夫法）方法测定煤的可磨性指数——HGI，其定义为：

$$H = 13 + 6.93W$$

式中，W 为煤用哈德格罗夫法可磨性测定仪磨完后，通过 200 目（75μm）的煤粉重量。

哈德格罗夫法系数是以美国宾州煤作为标准，即 $H = 100$ 是可磨性好的煤（即较软的煤，这类似于我国峰煤），其他煤与其比较，H 越小，煤越难磨。另外研究表明煤化度是影响煤的可磨性系数的主要因素，煤化度高和低的煤可磨性较差，中等煤化度的煤可磨性较好。测定可磨性指数按照国标 GB/T 2565—2014 进行。钢铁企业常用高炉喷吹煤种的可磨性指数见表 2-16 和图 2-8。数据上的分析结果与通常规律基本一致，即无烟煤的可磨性较低，其次为褐煤的可磨性，烟煤和瘦煤的可磨性较高。但也有个别煤种的可磨性异常，比如昊林无烟煤和新能褐煤的可磨性较高。因此，解决高炉喷吹褐煤时可磨性差的问题可以从两方面突破：一方面可以通过优选可磨性高的褐煤，另一方面通过煤种优化搭配。

表 2-16 高炉常用喷吹煤的可磨性指数

试样编号	种 类	煤粉	HGI
1	无烟煤	代王	33.8
2	无烟煤	青町 1	78.8
3	无烟煤	白羊墅	75.4
4	无烟煤	凤山	71.9
5	无烟煤	焦作北	47.7
6	无烟煤	华仁	44.2
7	无烟煤	新井	61.5
8	无烟煤	朝鲜	75.4
9	无烟煤	井陉	68.5
10	无烟煤	波头	78.8
11	无烟煤	内蒙古	82.3
12	无烟煤	高平	89.3
13	无烟煤	昊林	103.09
14	无烟煤	白杨墅	92.7
15	无烟煤	俄煤	75.37
16	无烟煤	东沛	51.1
17	无烟煤	广汇	37.3
18	无烟煤	宁煤	51.6
19	无烟煤	中欣	44.2
20	瘦煤	三给村	106.6
21	瘦煤	潞安	106.6
22	烟煤	神通	99.63
23	烟煤	宣化	99.63
24	烟煤	贡红	64.98
25	气煤	济阳气煤	71.9
26	褐煤	津凯	83.69
27	褐煤	新能	117
28	褐煤	滨辛	89.3
29	褐煤	郭磊庄	82.3

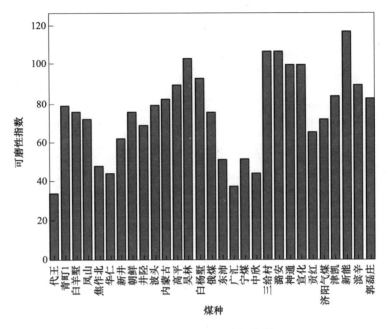

图 2-8　不同煤种的可磨性指数

2.1.7　黏结性

将粉碎的煤隔绝空气逐渐加热到 200~500℃ 时，会析出一部分气体并形成黏稠状胶质；再继续加热至 500℃ 以上，黏稠状胶质体继续分解，一部分解为气体，其余部分逐渐固化，将炭粒结合在一起，成为焦块，这种结合的牢固程度叫做黏结性。黏结指数是判断煤的黏结性、结焦性的一个关键指标，用来评价烟煤在加热过程中的黏结能力，用 $G_{R.I}$ 表示。高炉喷吹煤黏结性指数的测定实验方法遵照 GB/T 5447—1985 烟煤黏结指数测定方法。高炉喷吹用煤要求无黏结性，即黏结性指数为 0。

2.1.8　着火点

煤的着火点是指在氧化剂（空气）和煤共存的条件下，把煤加热到开始燃烧的温度。用科学语言表达，煤释放出足够多的挥发分与周围大气形成可燃混合物的最低着火温度叫做煤的着火点。影响煤着火点的因素主要有煤质和喷吹条件两个方面。煤质的影响取决于煤粉的可燃基挥发分和灰分含量。

（1）挥发分对着火点的影响。变质程度愈高挥发分含量愈低，着火点则愈高；反之，变质程度较低、挥发分较高的煤种，着火点较低。

（2）灰分对着火点的影响。煤粉灰分含量对着火点的影响，不像挥发分对着火点的影响存在一定的规律性。但灰分含量会影响挥发分的行为，从而对煤粉着火点产生影响。过高的灰分会妨碍挥发分的析出，从而造成着火延迟，使煤粉的着火点升高。

高炉喷吹煤的着火点可作为制备煤粉设备选型、干燥介质温度确定及工艺参数控制等参考依据。同时在高炉喷煤中，希望煤粉能快速着火、迅速燃烧。因此，煤粉的着火点低一点好；但低着火点的煤粉仓储时又易着火爆炸，所以设计煤粉喷吹系统时，应充分考虑两方面因素。着火点越低的煤就越容易自燃，煤的自燃是造成煤粉制备、输送、喷吹过程中煤粉爆炸等事故的主要根源之一。煤在堆放过程中也易发生自燃，除发生事故外，还会造成大量煤白白烧掉。

一般情况下，无烟煤的着火点在400℃左右；烟煤的着火点在300℃左右。钢铁企业高炉喷吹煤的测定采用 GB/T 18511—2001《煤的着火温度测定方法》。钢铁企业常用喷吹煤的着火点见表2-17。

表 2-17　钢铁企业常用喷吹煤的着火点

试样编号	种　类	煤　粉	着火点/℃
1	无烟煤	代王	359.5
2	无烟煤	青町1	344.5
3	无烟煤	白羊墅	356.6
4	无烟煤	凤山	341.3
5	无烟煤	焦作北	357.6
6	无烟煤	华仁	340.8
7	无烟煤	新井	355.7
8	无烟煤	朝鲜	399.8
9	无烟煤	井陉	354.3
10	无烟煤	波头	351.9
11	无烟煤	内蒙古	338.5
12	无烟煤	高平	351.8
13	无烟煤	昊林	410.38
14	无烟煤	白杨墅	399.75
15	无烟煤	俄煤	412.75
16	无烟煤	东沛	401

试样编号	种 类	煤 粉	着火点/℃
17	无烟煤	广汇	401
18	无烟煤	宁煤	427
19	无烟煤	中欣	373
20	瘦煤	三给村	323.2
21	瘦煤	潞安	317.2
22	烟煤	神通	318.55
23	烟煤	宣化	325.83
24	烟煤	贡红	322.28
25	气煤	济阳气煤	291.9
26	褐煤	津凯	312.73
27	褐煤	新能	258.5
28	褐煤	滨辛	256.1
29	褐煤	郭磊庄	268.8

从图2-9可以看出，随着煤粉的变质程度的增加，高炉喷吹煤的着火点逐渐

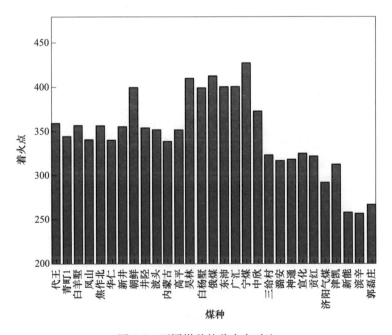

图2-9 不同煤种的着火点对比

增加，褐煤的着火点最低，着火点低至256.1℃。该着火点温度远比磨机出口温度要低，因此褐煤喷吹易出现制粉系统的爆炸的安全隐患。生产过程中，褐煤喷吹需要重点关注系统漏风、局部高温等问题，同时采用褐煤与其他煤粉混合喷吹以降低其着火点。

2.1.9 爆炸性

测量煤粉爆炸性的方法有很多种，在我国主要采用长管式的测试装置来测定煤粉燃烧的火焰返回长度，以确定煤粉有无爆炸性及其爆炸性强弱，其装置如图2-10所示。实验时称取1g −200目（−75μm）的煤粉试样与亚硝酸钠，按1：0.75混合，混匀后取1g，喷入设在玻璃管内1050℃的火源上，视其返回火焰的长短来判断它的爆炸性。一般认为，仅在火源处出现稀少火星或无火星的属于无爆炸性煤，如无烟煤。若产生火焰并返回至喷入一端，其火焰长度小于400mm的为易燃而有爆炸性煤；若返回火焰大于400mm为强爆炸性煤，如烟煤、褐煤等。一般认为无灰基（可燃基）挥发分小于10%为无爆炸性煤；大于10%为有爆炸性煤；大于25%为强爆炸性煤。煤粉爆炸性也与其粒度有关，煤粉越细越易爆炸。但在同样的挥发分和粒度情况下，由于比表面积不一样其爆炸性也会不一样。

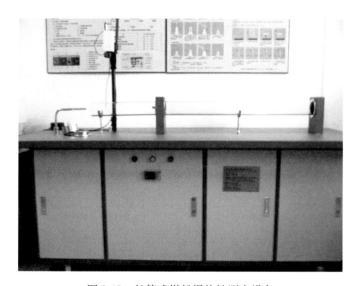

图2-10 长管式煤粉爆炸性测定设备

高炉喷吹煤粉从设计到操作都必须重视安全，防止煤粉爆炸。煤粉爆炸必须具备以下三个条件：煤粉处于分散悬浮状态，浓度在爆炸区间之内；有足够的氧来支持燃烧；有足够能量的点火源。钢铁企业常用煤种的爆炸性情况见表2-18。

表 2-18 钢铁企业常用煤种爆炸性情况

试样编号	种 类	煤 粉	火焰长度/mm
1	无烟煤	代王	5
2	无烟煤	青町 1	5
3	无烟煤	白羊墅	5
4	无烟煤	凤山	6
5	无烟煤	焦作北	5
6	无烟煤	华仁	5
7	无烟煤	新井	5
8	无烟煤	朝鲜	5
9	无烟煤	井陉	5
10	无烟煤	波头	5
11	无烟煤	内蒙古	5
12	无烟煤	高平	5
13	无烟煤	昊林	0
14	无烟煤	白杨墅	0
15	无烟煤	俄煤	15
16	无烟煤	东沛	0
17	无烟煤	广汇	0
18	无烟煤	宁煤	0
19	无烟煤	中欣	0
20	瘦煤	三给村	5
21	瘦煤	潞安	5
22	烟煤	神通	566.75
23	烟煤	宣化	665.25
24	烟煤	贡红	720.25
25	气煤	济阳气煤	8
26	褐煤	津凯	746.25
27	褐煤	新能	>800
28	褐煤	滨辛	723
29	褐煤	郭磊庄	673

通过表 2-18 的数据可以看出，随着煤粉变质程度的增加，高炉喷吹煤的爆炸性逐渐减弱。褐煤、烟煤具有强爆炸性，无烟煤、瘦煤没有爆炸性。因此，高炉在使用烟煤和褐煤时必须做好防爆处理，以免造成安全事故。

2.1.10 流动性和喷流性

新磨碎的煤粉能够吸附气体（如空气），在煤粒表面形成气膜，它使煤粉颗粒之间的摩擦阻力变得较小；另外煤粒均为带电体，都是同性电荷，同性电荷具有相斥作用，所以煤粒具有较好的流动性，表现为自然坡度角很小，在一定速度的载体中能够随载体一起流动，这就是输送煤粉的基础。但是随着煤粉存放时间的延长，煤粒表面的气膜变薄，静电逐渐消失，煤粉的流动性会逐渐变差。高炉喷吹煤粉需要气力输送，所以，要求流动性好的煤，从这一角度考虑煤粉储存时间不宜过长，如鞍钢规定小于 8h。

2.1.10.1 实验设备与方法

实验设备采用丹东市百特仪器有限公司与清华大学粉体技术开发部联合研制的 BT-1000 型粉体综合特性测试仪，如图 2-11 所示。

图 2-11 BT-1000 型粉体综合特性测试仪

对煤粉流动性的研究包括测定流动性和喷流性。实验中每组测 3 次，取平均值。此次试验的煤粉粒度均按 −200 目（−75μm）70%±5% 来测量，模仿高炉实际喷吹粒度设计。

2.1.10.2 流动性

煤粉的流动特性包括自然坡度角、压缩率、板勺角和均匀度4个因素。其中压缩率是通过松散松装密度和振实松装密度得到的，其他直接由实验测得。

（1）松散松装密度。测试采用一圆柱形杯状容器，容积100cm³，煤粉由距容器上沿100mm处徐徐流入容器，容器满后用薄铁片将容器上表面一次刮平，称量所装煤粉的重量，再除以容器容积，即为松散松装密度，可视为堆比重。

（2）振实松装密度。在测定松散松装密度后的容器上再套上100cm³的容器罩，在容器罩中装满煤粉后，在罩的上方紧紧地套上容器盖，然后在振动台上振动180次，用薄铁片将上表面一次刮平，称量所装煤粉的重量，再除以容器容积，即为振实松装密度。

（3）压缩率。将振实松装密度与松散松装密度之差除以振实松装密度，其商即为压缩率。压缩率越低则煤粉越不易在煤粉仓、罐中压实，其流动性越好。

（4）自然坡度角。实验煤粉由高150mm处自然流到下面的直径100mm盘中，然后量出其坡面与水平面的夹角，即为自然坡度角。

（5）板勺角。将长200mm、宽20mm的平面板勺埋入试验煤粉堆中垂直提升，沿长度方向等距量出板勺上煤粉的三点坡度角，取算术平均值即为冲击前板勺角。将板勺轴中的铁滑块由上向下落地振动一次，再沿长度方向等距量出板勺上煤粉的三点坡度角，取算术平均值即为冲击后板勺角。

（6）均匀度。将测试煤粉按粒径由小到大排列，累积60%时的平均粒径与累积10%时的平均粒径之商即为均匀度。该值反映了煤粉颗粒的均匀程度，对煤粉燃烧程度影响较大，因为煤粉燃烧的完全程度取决于煤粉中粗颗粒的数量，粗颗粒多则燃烧率将降低。

2.1.10.3 喷流特性

研究煤粉的喷流特性包括确定崩溃角、差角、分散度和流动性。其中崩溃角、差角、分散度是通过实验测定的，同样实验中每组测定3次，取平均值。

（1）崩溃角。在测定自然坡度角后，用该盘下面的托盘轴中的铁滑块由上自然下落振动三次，再量出其坡面与水平面之夹角，即为崩溃角。

（2）差角。自然坡度角与崩溃角之差称为差角。

（3）分散度。将10g实验煤样由距下面称量盘400mm高处自由落入称量盘中，称量盘直径150mm，将溅出盘外的煤粉克数乘以10，即为分散度。

2.1.10.4 评价标准与结果

粉体物性评价标准见表2-19 Carr流动性指数表和表2-20 Carr喷流性指数表。

由各参数的测定值查表 2-19 得到各指数，将指数求和，可确定对粉体的流动性评价。同样，得到各参数的测定值后，查表 2-20 得到各对应的指数，将指数求和，可确定对粉体的喷流性评价。

表 2-19 Carr 流动性指数

自然坡度角/(°)		压缩率/%		板勺角/(°)		均匀度		流动性指数合计	流动性的评价
测定值	指数	测定值	指数	测定值	指数	测定值	指数		
<25	25	<5	25	<25	25	1	25	100~90	最好
26~29	24	6~9	23	26~30	23	2~4	23		
30	22.5	10	22.5	31	22.5	5	22.5		
31	22	11	22	32	22	6	22	89~80	
32~34	21	12~14	21	33~37	21	7	21		
35	20	15	20	38	20	8	20		好
36	19.5	16	19.5	39	19.5	9	19.5		
37~39	18	17~19	18	40~44	18	10~11	18	79~70	
40	17.5	20	17.5	45	17.5	12	17.5		
41	17	21	17	46	17	13	17		普通
42~44	16	22~24	16	47~59	16	14~16	16	69~60	
45	15	25	15	60	15	17	15		
46	14.5	26	14.5	61	14.5	18	14.5		
47~54	12	27~30	12	62~74	12	19~21	12	59~40	
55	10	31	10	75	10	22	10		差
56	9.5	32	9.5	76	9.5	23	9.5		
57~64	7	33~36	7	77~89	7	24~26	7	39~20	
65	5	37	5	90	5	27	5		
66	4.5	38	4.5	91	4.5	28	4.5		最差
67~89	2	39~45	2	92~99	2	29~35	2	19~0	
90	0	>45	0	>99	0	>35	0		

表 2-20 Carr 喷流性指数

流动性		崩溃角/(°)		差角/(°)		分散度/(°)		喷流性指数合计	喷流性的评价
测定值	指数	测定值	指数	测定值	指数	测定值	指数		
>60	25	10	25	>30	25	>50	25		强
56~59	24	11~19	23	29~28	24	49~44	24		
55	22.5	20	22.5	27	22.5	43	22.5	80~100	
54	22	21	22	26	22	42	22		
53~50	21	22~24	21	25	21	41~36	21		
49	20	25	20	24	20	35	20		
48	19.5	26	19.5	23	19.5	34	19.5		
47~45	18	27~29	18	22~20	18	33~29	18		
44	17.5	30	17.5	19	17.5	28	17.5	60~79	
43	17	31	17	18	17	27	17		
42~40	16	32~39	16	17~16	16	26~21	16		
39	15	40	15	15	15	20	15		
38	14.5	41	14.5	14.5	14.5	19	14.5		
37~34	12	42~49	12	12	12	18~11	12	40~59	
33	10	50	10	10	10	10	10		
32	9.5	51	9.5	9	9.5	9	9.5		
31~29	8	52~56	8	8	8	8	8	25~39	
28	6.25	57	6.25	7	6.25	7	6.25		
27	6	58	6	6	6	6	6		
26~23	3	59~64	3	5~1	3	5~1	3	0~24	
<22	0	>64	0	0	0	0	0		差

钢铁企业常用 18 种煤粉的流动性和喷流性的测定结果见表 2-21。从表中对 18 种喷吹煤的评价结果可以看出，大多数喷吹煤的流动性评价结果为差、喷流性评价结果为中，仅少量煤种的喷流性的评价结果为较强，比如白杨墅煤、高平煤和内蒙古煤，且以无烟煤为主；而高挥发分的烟煤和褐煤的流动性和喷流性不如上述无烟煤的性能好，因此高炉喷吹烟煤和褐煤时，其输送性能需要密切关注。

尽管 Carr 表适用于所有的粉状物质，但高炉喷吹的煤粉不仅在粒度和成分上有差异，且在性能上差异也很大的。所以，应根据高炉煤粉的情况，比较煤粉的流动性和喷流性指数的差异，分析影响煤粉流动性和喷流性指数影响的主要因素。

表2-21 煤粉的流动和喷流特性参数测定结果

编号	煤粉	松散松装密度 /g·cm⁻³	振实松装密度 /g·cm⁻³	压缩率/% 测定值	压缩率/% 指数	自然坡度角/(°) 测定值	自然坡度角/(°) 指数	板勺角/(°) 平均值	板勺角/(°) 指数	均匀度 测定值	均匀度 指数	崩溃角/(°) 测定值	崩溃角/(°) 指数	差角/(°) 测定值	差角/(°) 指数	分散度/% 测定值	分散度/% 指数	流动性指数 测定值	流动性指数 指数	流动性指数 描述	喷流性指数 指数	喷流性指数 描述
1	华仁	48.00	70.00	31.43	10.00	40.00	17.50	57.50	16.00	6.82	21.00	35.00	16.00	5.00	3.00	45.00	24.00	43.50	25.00	较差	43.00	中
2	济阳	40.00	58.50	31.62	9.50	55.00	10.00	56.67	16.00	4.07	23.00	45.00	12.00	10.00	10.00	50.00	25.00	35.50	24.00	差	47.00	中
3	白羊墅	48.00	67.00	28.36	12.00	55.00	10.00	60.00	15.00	9.66	18.00	30.00	17.50	25.00	21.00	50.00	25.00	37.00	22.50	差	63.50	较强
4	潞安	52.00	73.00	28.77	12.00	45.00	15.00	63.33	12.00	4.92	22.50	35.00	16.00	10.00	10.00	30.00	18.00	39.00	25.00	差	44.00	中
5	郭磊庄	44.00	61.00	27.87	12.00	45.00	15.00	65.83	12.00	7.39	21.00	25.00	20.00	20.00	18.00	35.00	20.00	39.00	25.00	差	58.00	中
6	井陉	42.50	60.00	29.17	12.00	45.00	15.00	73.33	12.00	3.75	23.00	40.00	15.00	5.00	3.00	30.00	18.00	39.00	25.00	差	36.00	较差
7	青町	39.00	59.00	33.90	7.00	45.00	15.00	64.17	12.00	5.63	22.00	35.00	16.00	10.00	10.00	35.00	20.00	34.00	24.00	差	46.00	中
8	滨辛	39.00	57.00	31.58	9.50	40.00	17.50	69.17	12.00	4.44	23.00	30.00	17.50	10.00	10.00	35.00	20.00	39.00	25.00	差	47.50	中
9	三给村	52.00	76.00	31.58	9.50	40.00	17.50	60.00	15.00	25.18	7.00	30.00	17.50	10.00	10.00	40.00	21.00	42.00	20.00	较差	48.50	中

续表 2-21

编号	煤粉	松散松装密度 /g·cm⁻³	振实松装密度 /g·cm⁻³	压缩率/% 测定值	压缩率/% 指数	自然坡度角/(°) 测定值	自然坡度角/(°) 指数	板勺角/(°) 平均值	板勺角/(°) 指数	均匀度 测定值	均匀度 指数	崩溃角/(°) 测定值	崩溃角/(°) 指数	差角/(°) 测定值	差角/(°) 指数	分散度/% 测定值	分散度/% 指数	流动性指数 测定值	流动性指数 指数	流动性指数 描述	喷流性指数 指数	喷流性指数 描述
10	新井	46.00	66.00	30.30	12.00	45.00	15.00	63.33	12.00	6.75	21.00	35.00	16.00	10.00	10.00	35.00	20.00	39.00	25.00	差	46.00	中
11	凤山	48.00	69.00	30.43	12.00	40.00	17.50	52.50	16.00	6.87	21.00	30.00	17.50	10.00	10.00	30.00	18.00	45.50	25.00	较差	45.50	中
12	焦作北	42.00	60.00	30.00	12.00	45.00	15.00	55.00	16.00	5.91	22.00	30.00	17.50	15.00	15.00	30.00	18.00	43.00	25.00	较差	50.50	中
13	波头	49.50	70.50	29.79	12.00	45.00	15.00	65.83	12.00	6.45	22.00	35.00	16.00	10.00	10.00	55.00	25.00	39.00	25.00	差	51.00	中
14	新能	39.00	58.00	32.76	7.00	45.00	15.00	68.33	12.00	4.99	22.50	35.00	16.00	10.00	10.00	35.00	20.00	34.00	24.00	差	46.00	中
15	代王	42.00	63.00	33.33	7.00	40.00	17.50	64.17	12.00	5.15	22.50	30.00	17.50	10.00	10.00	55.00	25.00	36.50	24.00	差	52.50	中
16	朝鲜	47.50	72.50	34.48	7.00	40.00	17.50	65.83	12.00	4.62	22.50	35.00	16.00	5.00	3.00	25.00	16.00	36.50	24.00	较差	35.00	较差
17	内蒙古	38.50	60.50	36.36	7.00	40.00	17.50	68.33	12.00	6.56	21.00	35.00	16.00	5.00	3.00	30.00	18.00	57.50	24.00	普通	61.00	较强
18	高平	41.50	63.50	34.65	7.00	35.00	20.00	60.00	15.00	7.17	21.00	30.00	17.50	5.00	3.00	25.00	16.00	63.00	25.00		61.50	较强

2.1.11 燃烧性

煤粉的燃烧与其他固体燃料的燃烧一样，属于表面燃烧。在一定氧浓度下及当环境温度达到煤粉着火温度以上时，煤粉才能燃烧。由于碳的熔点高达 3500℃以上，故在通常的燃烧温度下，不会出现熔化和升华，而且也不会产生热分解；表面燃烧时，O_2 等氧化性气体向固体表面或小孔内部扩散，在煤粉的表面与碳发生反应，生成的 CO 或 CO_2 气体又从表面向外界扩散。煤粉的燃烧速度与气体或液体的相比是很慢的，燃烧过程包括化学反应、流动、传热、气体扩散以及颗粒内部的传热及传质等，是一种非常复杂的过程。

煤粉燃烧包括 4 个阶段：（1）煤粉快速升温并放出挥发分；（2）挥发分向四周扩散并与氧气反应生成 CO 与 H_2O，即挥发分的燃烧；（3）挥发分燃烧后，固定碳预热和着火；（4）残留碳燃烧至结束。

煤粉自喷枪喷出后进入直吹管，经与高速热风流股混合，被高速加热，水分蒸发，挥发分析出、分解、燃烧，其过程是极为复杂的。一般情况下煤粉在直吹管及风口内完成被加热及挥发分的气化与燃烧，并有部分固定碳开始燃烧。尽管煤粉在该区域内只停留 5ms 左右的时间，但该区域仍是煤粉燃烧的有效区域。

热风以一定的角度离开风口鼓入高炉，使炉内炽热的焦炭流态化，在流态化的焦炭床内形成一种循环燃烧区。在该区域内，实际上焦炭的比例并不高。煤粉在此区域内的燃烧特点为：（1）煤粉与氧气接触的时间非常短，少于 20ms；（2）该区内的氧浓度较低；（3）煤粉与循环区内流动的焦炭争夺氧气进行燃烧反应。

煤粉在回旋区内的燃烧比较关键。如果煤粉在该区内不能燃烧，则将被带到死料柱内，从而影响高炉的透气性及透液性，因此应设法提高煤粉在该区内的燃烧率，维持较大且较稳定的回旋燃烧区。

煤粉燃烧率是煤粉燃烧好坏的标志。若煤粉在高炉风口燃烧率低，煤粉燃烧不完全，不仅会降低煤粉在高炉内的利用率，还会影响炉料的透气性，从而影响高炉生产。因此，对高炉喷煤来说，煤粉燃烧率是衡量煤粉性能优劣和评判高炉风口燃烧状况好坏的一个重要指标，强化煤粉在风口的燃烧是高炉进行大喷吹的一个最基本的前提。

高炉煤粉燃烧性通常采用微机差热天平。在做热重实验时，首先需精确称量试样重量，然后将所称量的一定量煤粉加入试样坩埚中，放置在差热天平上，通入一定量的空气流（60mL/min），依照一定的升温速率（20℃/min）加热煤粉。随着温度的升高，煤粉首先被快速加热，随后进行脱气和快速热分解（即煤的热分解和挥发分的二次分解），然后着火，挥发物进行燃烧，最后是残炭（或半焦）与氧气进行燃烧的多相反应，直至煤粉燃烧完全。利用热分析测定煤粉燃烧至 500℃、600℃、700℃煤粉燃烧率。

（1）实验方法。将一定量煤粉装入差热仪中，通入空气流，升温速率加热煤粉。煤粉加热至完全燃烧。从失重曲线（TG）找到煤粉燃烧至 500℃、600℃、700℃失去的重量百分比，分别除以全部可燃值（即煤粉完全燃烧后的所有失重百分比）既是燃烧率。

（2）实验参数。试样重量 18.0mg 左右，空气流量 60mL/min，升温速率 20℃/min。

钢铁企业常用喷吹煤的燃烧性指数测定结果见表 2-22，对比分析图如图 2-12 所示。

表 2-22 钢铁企业常用喷吹煤的燃烧性指数

试样编号	种 类	煤粉	500℃燃烧率/%	600℃燃烧率/%	700℃燃烧率/%
1	无烟煤	青町1	8.13	47.5	83.77
2	无烟煤	焦作北	13.88	37.32	73.75
3	无烟煤	波头	6.77	41.37	81.09
4	无烟煤	昊林	3.52	36.2	74.3
5	无烟煤	白杨墅	1.74	31.48	72.75
6	无烟煤	俄煤	2.86	22.18	69.7
7	无烟煤	东沛	31.8	72.56	99.7
8	无烟煤	广汇	31.83	75.75	99.28
9	无烟煤	宁煤	8.55	55.06	98.84
10	无烟煤	中欣	45.75	86.69	99.72
11	瘦煤	三给村	19.42	56.2	91.27
12	瘦煤	潞安	15.26	49.12	83.48
13	烟煤	神通	59.16	88.69	99.6
14	烟煤	宣化	59.71	88.43	100
15	烟煤	贡红	57.07	83.89	100
16	气煤	济阳	42.29	77.52	99.96
17	褐煤	津凯	80.53	99.19	100
18	褐煤	新能	61.89	85.09	100
19	褐煤	滨辛	78.54	98.84	99.97

基于上述分析可以发现，不同煤种的燃烧性差异显著，随着煤种变质程度的增加，其燃烧性逐渐降低。即无烟煤、烟煤、褐煤在相同条件下的燃烧率依次降低。由此分析可以得到，高炉采用褐煤、烟煤喷吹时能够显著改善煤粉在风口回旋区的燃烧效果，提高煤粉的燃烧率。

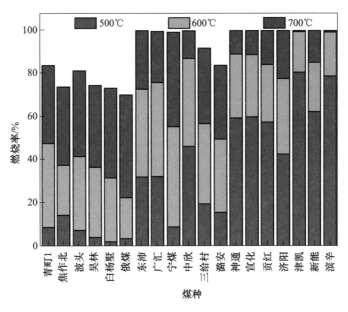

图 2-12　不同煤种燃烧性对比分析

2.1.12　反应性

　　喷煤量达到一定程度后，高炉内将出现大量煤粉残炭，恶化炉料的透气性，影响高炉操作。未燃煤粉残炭在高炉内少部分通过直接还原消耗，大部分通过 $C + CO_2 \rightarrow 2CO$ 反应消耗。煤对 CO_2 的化学反应性是指在一定温度下煤中碳与 CO_2 进行还原反应的能力，或者说煤将 CO_2 还原成 CO 的能力，以被还原成 CO 的 CO_2 量占参加反应的 CO_2 总量的百分数 $\alpha(\%)$ 来表示。通常也称为煤对 CO_2 的反应性。

　　实验时将 18.0mg 左右煤粉放入差热天平内，通入氩气（20mL/min）保护，以 20℃/min 的速度升温至 900℃，干馏以去除水分和挥发物。随后通入 CO_2（20mL/min）与试样反应，并开始记录试样失重，以 20℃/min 的速度升温至 1200℃ 为止，计算出的一定温度下的失重率即为反应性。

　　钢铁企业常用喷吹煤的气化反应性指数见表 2-23。

表 2-23　钢铁企业常用喷吹煤的气化反应性指数　　　　（%）

试样编号	种　类	煤粉	1000℃	1050℃	1100℃	1150℃	1200℃
1	无烟煤	昊林	21.16	26.5	36.79	53.54	76.56
2	无烟煤	白杨墅	21.29	24.4	33.3	44.94	68.23
3	无烟煤	俄煤	16.1	21.85	33.54	52.09	76.21

续表 2-23

试样编号	种 类	煤粉	1000℃	1050℃	1100℃	1150℃	1200℃
4	无烟煤	东沛	50.13	60.94	71.56	81.13	91.19
5	无烟煤	广汇	38.29	52.78	69.09	83.78	95.95
6	无烟煤	宁煤	23.8	29.38	39.71	52.64	67.74
7	无烟煤	中欣	40.95	58.24	80.06	96.58	99.93
8	烟煤	神通	56.55	71.81	89.86	100	100
9	烟煤	宣化	55.36	70.76	89.03	100	100
10	烟煤	贡红	49.85	63.9	83.72	99.38	100
11	褐煤	津凯	61.75	75.99	92.76	100	100

不同煤种气化反应性对比如图 2-13 所示。

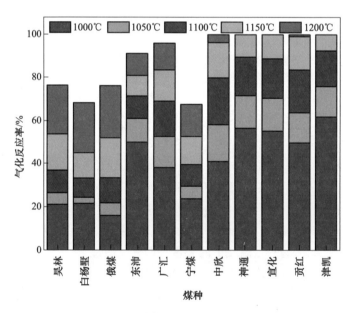

图 2-13 不同煤种气化反应性对比分析

基于上述分析可以发现，随着煤种变质程度的增加，高炉喷吹煤的气化反应性逐渐变好，即在相同条件下，无烟煤、烟煤、褐煤的气化反应指数逐渐增加。因此，高炉喷吹褐煤、烟煤时产生的未燃粉尘相比于无烟煤更容易消耗，对保证炉料透气性具有更好的优势。

2.2 烟煤、褐煤与无烟煤混合喷吹的相互作用规律

2.2.1 烟煤、褐煤对混煤基础性能的影响

基于煤种的工业分析，选定挥发分、灰分、硫分作为配煤依据，其中以挥发分为最主要参考因素。国内外研究表明，混合煤挥发分在13%～20%为最佳配合，可获得生铁产量和煤焦置换比最高、生铁质量最好的效果，故而分别选定挥发分在18%、19%、20%附近进行配煤。为了扩大喷吹煤资源范围，配煤实验方案中提高了混煤的挥发分含量，最高挥发分含量为30.53%。此外，控制混煤灰分小于12%，硫分小于0.6%来确定配煤方案。由于混合煤的成分（挥发分、灰分、固定碳、硫分、水分等）等于各混合煤种的加权平均值，因此可以根据已有煤种的工业分析和元素分析结果进行配比计算，确定符合条件的配煤方案，见表2-24。实验方案中津凯煤为典型的褐煤，宣化煤为典型的高挥发分烟煤，白杨墅煤为典型的无烟煤。

表 2-24　混煤的基础特性

序号	配 比 方 案	成本/元	灰分/%	S含量/%	C含量/%	挥发分/%
1	60%宣化+40%白杨墅	937	9.9	0.514	73.938	23.012
2	70%宣化+30%白杨墅	909	9.85	0.472	72.741	25.634
3	80%宣化+20%白杨墅	881	9.8	0.432	71.544	28.256
4	10%津凯+50%宣化+40%白杨墅	962	9.817	0.498	73.099	23.77
5	10%津凯+60%宣化+30%白杨墅	934	9.767	0.457	71.902	26.39
6	10%津凯+70%宣化+20%白杨墅	906	9.717	0.417	70.705	29.014
7	20%津凯+20%宣化+60%白杨墅	1024	9.83	0.56	74.65	19.284
8	20%津凯+30%宣化+50%白杨墅	1014	9.78	0.52	73.45	21.906
9	20%津凯+40%宣化+40%白杨墅	986	9.73	0.48	72.26	24.528
10	20%津凯+50%宣化+30%白杨墅	958	9.68	0.44	71.063	27.15
11	20%津凯+60%宣化+20%白杨墅	930	9.634	0.4	69.866	29.772
12	30%津凯+30%宣化+40%白杨墅	1011.4	9.65	0.466	71.42	25.286
13	30%津凯+40%宣化+30%白杨墅	983.5	9.6	0.425	70.224	27.908
14	30%津凯+50%宣化+20%白杨墅	955	9.551	0.384	69.027	30.53

随着烟煤配比量的增加，混煤中挥发分含量增高，碳含量降低。

宣化煤价格最低，所以随着宣化煤比例的增加，混煤价格也逐渐降低，在方案3（80%宣化+20%白杨墅）的条件下，混煤价格最低。

白杨墅中的 S 含量较高，因此，随着白杨墅含量的减少，混煤中 S 含量不断降低。

由于津凯煤中的灰分最低，故随着津凯煤的含量增加，灰分含量逐渐减少。

2.2.2　烟煤、褐煤对混煤着火点和爆炸性的影响

采用前述单种煤粉着火点、爆炸性以及着火点的测定方法，利用着火点测定装置及长管式煤粉爆炸性测定设备测定 14 种配煤的着火点及爆炸性，利用自动量热计测定其发热值，测定结果见表 2-25。

表 2-25　混煤着火点、爆炸性及低位发热量

编号	试 验 方 案	着火点/℃	返回火焰/mm	低位发热量/J·g⁻¹
1	60%宣化+40%白杨墅	332.25	15	28442.16
2	70%宣化+30%白杨墅	324.00	16	27985.22
3	80%宣化+20%白杨墅	316.00	40	27528.28
4	10%津凯+50%宣化+40%白杨墅	324.00	0	28089.71
5	10%津凯+60%宣化+30%白杨墅	320.00	0	27632.77
6	10%津凯+70%宣化+20%白杨墅	321.67	30	27175.89
7	20%津凯+20%宣化+60%白杨墅	370.00	0	28651
8	20%津凯+30%宣化+50%白杨墅	331.00	0	28194
9	20%津凯+40%宣化+40%白杨墅	325.00	0	27737
10	20%津凯+50%宣化+30%白杨墅	317.33	25	27280
11	20%津凯+60%宣化+20%白杨墅	310.33	0	26823.39
12	30%津凯+30%宣化+40%白杨墅	330.33	0	27384.8
13	30%津凯+40%宣化+30%白杨墅	325.33	5	26927.88
14	30%津凯+50%宣化+20%白杨墅	310.33	0	26470.94

实验检测发现混煤着火点的总体趋势是随着烟煤配比量的增加逐渐降低。烟煤中配加无烟煤后，混合煤粉的爆炸性迅速降低，14 种方案中，烟煤与无烟煤的最高比例达到 4:1，挥发分最高达到 30%，但仍没有爆炸性，这说明无烟煤的加入会迅速降低烟煤的爆炸性。

混煤热值的总体变化趋势也是随着烟煤配比量的增加逐渐降低，尤其是当津凯褐煤的配加量加大时，混煤的热值的下降幅度较大。

2.2.3　烟煤、褐煤对混煤燃烧性的影响

根据配煤方案利用差热分析依次测定各种混合煤粉燃烧至 500℃、600℃、700℃时的煤粉燃烧率，测定结果见表 2-26。

表 2-26 混煤在不同温度时的燃烧率 （％）

编号	试 验 方 案	500℃	600℃	700℃
1	60%宣化+40%白杨墅	47.89	79.35	99.75
2	70%宣化+30%白杨墅	49.80	77.90	99.71
3	80%宣化+20%白杨墅	51.40	81.30	99.82
4	10%津凯+50%宣化+40%白杨墅	45.21	75.34	99.73
5	10%津凯+60%宣化+30%白杨墅	51.76	81.56	99.21
6	10%津凯+70%宣化+20%白杨墅	53.00	82.60	100.00
7	20%津凯+20%宣化+60%白杨墅	33.21	65.16	98.96
8	20%津凯+30%宣化+50%白杨墅	39.75	69.22	99.52
9	20%津凯+40%宣化+40%白杨墅	44.00	73.91	99.65
10	20%津凯+50%宣化+30%白杨墅	43.70	69.73	95.99
11	20%津凯+60%宣化+20%白杨墅	59.18	86.75	99.90
12	30%津凯+30%宣化+40%白杨墅	46.44	73.69	99.13
13	30%津凯+40%宣化+30%白杨墅	49.05	77.74	100.00
14	30%津凯+50%宣化+20%白杨墅	61.05	88.49	99.96

根据测定结果做出 14 种混煤燃烧至 500℃、600℃、700℃三个温度点的燃烧率的变化曲线，如图 2-14 所示。混煤燃烧性的总体趋势是随着烟煤配比量的增加逐渐增强；尤其是随着燃烧性最好的津凯褐煤配比量的增加，混煤的燃烧性增加幅度更大。因此，津凯褐煤的配加有助于提高混煤的燃烧性。

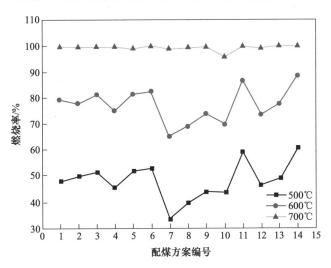

图 2-14 混合煤燃烧性能关系曲线

2.2.4 烟煤、褐煤对混煤气化反应性的影响

根据配煤方案利用差热分析法，通过测定 14 种配煤在 1000℃、1050℃ 以及 1100℃ 的反应转化率来表征其反应性能，测定结果见表 2-27。

表 2-27 混煤在不同温度时的反应转化率　　　　　　（%）

编号	试 验 方 案	1000℃	1050℃	1100℃
1	60%宣化+40%白杨墅	45.85	57.87	73.42
2	70%宣化+30%白杨墅	46.76	59.33	73.85
3	80%宣化+20%白杨墅	49.58	63.57	78.59
4	10%津凯+50%宣化+40%白杨墅	44.52	55.55	67.07
5	10%津凯+60%宣化+30%白杨墅	47.50	60.61	74.05
6	10%津凯+70%宣化+20%白杨墅	51.63	64.43	78.96
7	20%津凯+20%宣化+60%白杨墅	42.44	50.91	59.69
8	20%津凯+30%宣化+50%白杨墅	41.83	51.19	61.57
9	20%津凯+40%宣化+40%白杨墅	44.71	55.98	67.43
10	20%津凯+50%宣化+30%白杨墅	49.74	61.82	72.84
11	20%津凯+60%宣化+20%白杨墅	51.30	63.77	78.37
12	30%津凯+30%宣化+40%白杨墅	49.25	60.65	71.32
13	30%津凯+40%宣化+30%白杨墅	52.23	64.87	76.58
14	30%津凯+50%宣化+20%白杨墅	53.98	67.25	81.36

根据测定结果做出 14 种混煤与 CO_2 反应至 1000℃、1050℃、1100℃ 三个温度点与转化率的关系曲线，如图 2-15 所示。可以发现混煤反应性的总体变化趋势是随着烟煤配比量的增加逐渐增强；尤其是随着反应性最好的津凯褐煤配比量的增加，混煤的反应性增加更快。因此，津凯褐煤的配加有助于提高混煤的反应性。

2.2.5 配煤方案优化研究

由表 2-24 可以看出，当宣化烟煤与白杨墅无烟煤搭配时，方案 3 为最经济方案，并且燃烧性、反应性最好，没有爆炸性，但着火点较低，挥发分较高；相对于津凯褐煤、宣化烟煤与白杨墅无烟煤搭配时的方案，宣化烟煤与白杨墅无烟煤搭配的性价比较低。在配加 10% 的津凯褐煤中，方案 5 为燃烧性最好的方案，且挥发分含量为 26%，高炉操作容易接受，反应性较好，安全性较好。

由于津凯褐煤的价格低，适当配加津凯褐煤不仅可以提高混煤的挥发分，还可以提高混煤燃烧性。由混煤实验结果可以看出，当混煤挥发分含量为 28% 时，

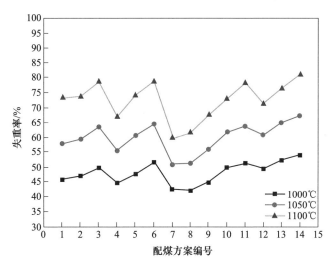

图 2-15 混煤反应性能曲线

应选择燃烧性、反应性最好的方案 13；当混煤挥发分含量为 30% 时，应选择燃烧性、反应性较好的方案 11，虽然方案 14 的燃烧性、反应性最好，但是方案 14 的着火点、热值均最低，从操作的安全性来分析，选择方案 11 较为合适。

综合上述实验分析结果，拟定出表 2-28 四种方案供现场工业试验。

表 2-28　混煤方案推荐

编　号	试　验　方　案
3	80%宣化+20%白杨墅
5	10%津凯+60%宣化+30%白杨墅
11	20%津凯+60%宣化+20%白杨墅
13	30%津凯+40%宣化+30%白杨墅

2.3　粒度对低阶煤燃烧性能的影响

近些年，国内外各炼铁厂通过提高煤比的实验，发现放宽煤粉粒度可以节能降耗，降低煤粉制造成本，并增加制粉能力。但是煤粉粒度过大会影响煤粉的燃烧性，增加未燃煤粉数量，不利于煤粉的利用率。因此，高炉喷吹低阶煤的高效利用需要系统研究低阶煤在不同粒度下的燃烧性，进而确定合适的喷吹粒度。本节采用差热天平研究不同煤种在不同粒度时的燃烧性。

2.3.1　粒度对无烟煤燃烧性的影响

将白杨墅煤粉筛分成 50~100 目、100~140 目、140~200 目、-200 目（50

目＝270μm，100目＝150μm，140目＝109μm，200目＝75μm，下同）四个等级，并采用差热天平开展燃烧性实验，分析数据得到不同温度时的燃烧率结果，见表 2-29。

表 2-29　白杨墅煤粉不同粒度燃烧性　　　　　　　　（%）

粒度/目	500℃	550℃	600℃	650℃	700℃	750℃	800℃	850℃	900℃
50~100	0.11	4.38	18.02	37.22	57.28	75.00	91.52	100	100
100~140	1.80	8.61	24.70	45.66	66.26	83.88	98.89	100	100
140~200	1.82	9.57	29.04	52.74	73.09	85.86	99.38	100	100
-200	1.84	12.80	31.48	53.08	72.76	88.71	99.89	100	100

　　为了更加清晰地分析煤粉的燃烧率随粒度的变化规律，基于表 2-23 中的数据做图，结果如图 2-16 所示。从图 2-16 可以看到白杨墅煤粉燃烧性与粒度具有很好的相关性，即粒度越小燃烧性越好。燃烧性随粒度变化最为明显的温度区域是 600~800℃。当最高燃烧温度超过 800℃，粒度只需小于 0.15mm（100 目），煤粉就可以充分燃烧；当最高燃烧温度为 700℃时，粒度需小于 0.106mm（140目），煤粉才能达到较好的燃烧效果。

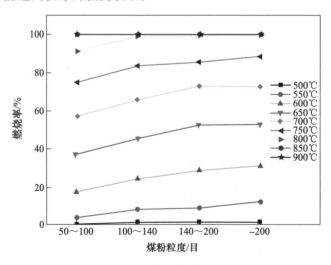

图 2-16　白杨墅煤粉燃烧关系曲线

2.3.2　粒度对烟煤燃烧性的影响

　　将宣化煤粉筛分成 50~100 目、100~140 目、140~200 目、-200 目四个等级，并进行燃烧性实验，数据见表 2-30。

表 2-30　宣化煤粉不同粒度燃烧性　　　　　　　（%）

粒度/目	500℃	550℃	600℃	650℃	700℃	750℃	800℃	850℃	900℃
50~100	52.00	70.63	86.94	98.16	98.70	99.52	100	100	100
100~140	62.79	79.75	94.05	99.19	99.59	100	100	100	100
140~200	62.91	80.73	95.92	99.27	99.67	100	100	100	100
-200	69.71	81.14	96.43	99.42	100	100	100	100	100

对表 2-30 的数据进行分析，得到的结果如图 2-17 所示。

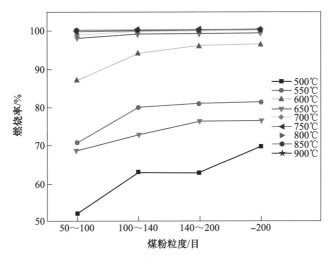

图 2-17　宣化煤粉燃烧关系曲线

从图 2-17 可以明显看出，粒度越小，宣化煤粉燃烧率越高。但在燃烧温度超过 650℃后，粒度对煤粉燃烧使用效果不大；当燃烧温度在 550℃以上，粒度范围小于 0.15mm（100 目）时，粒度对燃烧效果的影响不大。

2.3.3　粒度对褐煤燃烧性的影响

将津凯煤粉筛分成 50~100 目、100~140 目、140~200 目、-200 目四个等级，并开展燃烧性实验，数据见表 2-31。

表 2-31　津凯煤粉不同粒度燃烧性

粒度/目	500℃	550℃	600℃	650℃	700℃	750℃	800℃	850℃	900℃
50~100	70.94	85.07	97.28	99.86	100	100	100	100	100
100~140	72.33	85.37	96.51	99.37	99.97	100	100	100	100
140~200	73.13	85.86	96.64	98.99	99.67	100	100	100	100
-200	80.52	92.05	99.19	99.38	100	100	100	100	100

对表 2-31 的数据进行分析，得到的结果如图 2-18 所示。

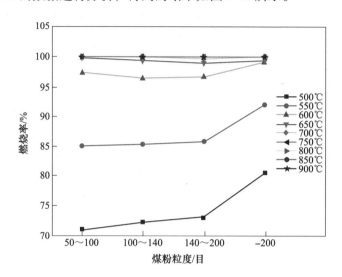

图 2-18 津凯煤粉燃烧关系曲线

从图 2-18 可以看出，燃烧温度在 600℃以下，随着粒度的变小，燃烧率逐渐提高；燃烧温度高于 600℃，津凯煤粉粒度对煤粉燃烧效果影响不大，任何粒度状况下燃烧率都高达 95%以上。

综合分析上述三种煤粉的燃烧特性曲线，发现烟煤的燃烧效果明显高于无烟煤的燃烧效果。燃烧温度为 600℃时，-200 目（小于 0.074mm）粒度的无烟煤燃烧率只有 31%，而相同粒度烟煤的燃烧率为 96%，津凯煤几乎完全燃尽；在相同的燃烧条件下，烟煤粒度可以稍粗，无烟煤粒度可以稍细。从数据分析来看，烟煤粒度控制在 100 目即可，无烟煤的粒度要小于 140 目，粒度主要以-200 目为主。

2.3.4 不同粒度煤粉燃烧特性及动力学分析

2.3.4.1 燃烧热重曲线分析

图 2-19~图 2-21 所示为三种不同变质程度煤粉在不同粒度范围下的热失重（TG）和失重微分（DTG）曲线。TG 曲线表示煤样质量随温度变化的曲线，DTG 曲线是根据 TG 曲线计算出的瞬时失重速率，表示某一时刻发生失重的剧烈程度。图中 A、B、C 分别代表白杨墅无烟煤、宣化烟煤和津凯褐煤。煤样粒度分布见表 2-32。

表 2-32 煤样粒度分布

煤　样	A1/B1/C1	A2/B2/C2	A3/B3/C3
粒度分布/mm	0.300~0.150	0.150~0.106	0.106~0.075
目数范围	50~100	100~140	140~200

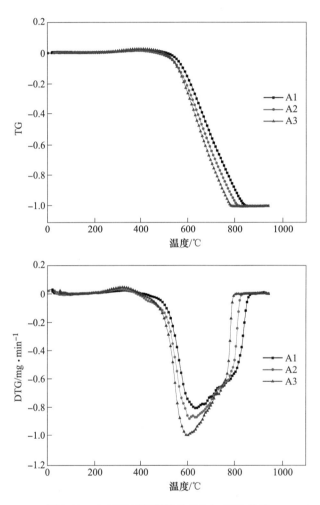

图 2-19　白杨墅无烟煤燃烧 TG 与 DTG 曲线

图 2-19 所示为煤粉粒度对白杨墅无烟煤燃烧过程的影响。随着煤粉粒度的减小，TG 曲线斜率逐渐变大，并明显向左移动；DTG 曲线不仅峰值随着白杨墅无烟煤粒度变小而逐渐增大，而且曲线整体也向左偏移。这说明粒度越小，煤粉燃烧速率越快，粒度细化对白杨墅无烟煤燃烧有较大促进作用。

图 2-20 所示为煤粉粒度对宣化烟煤燃烧过程的影响。随着粒度的减小，TG

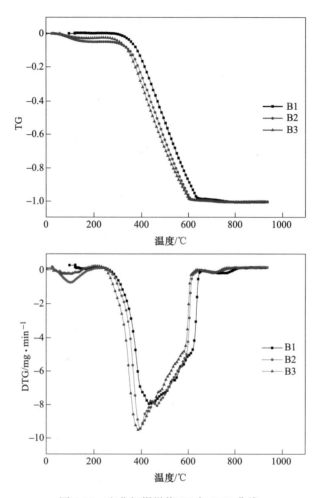

图 2-20　宣化烟煤燃烧 TG 与 DTG 曲线

曲线斜率逐渐变大并向左移；DTG 曲线峰值逐渐增大，且曲线逐渐向左移动。但在实验范围内，宣化烟煤粒度越小，TG 曲线变化幅度越小，同时也可观察到 100~140 目与 140~200 目的宣化烟煤 DTG 曲线差别不太大。

　　图 2-21 所示为粒度对津凯褐煤燃烧过程的影响。在实验范围内，粒度的细化对津凯褐煤 TG 和 DTG 曲线影响并不大，说明在实验范围内粒度对津凯褐煤的燃烧影响并不太大。津凯褐煤的 TG 和 DTG 曲线与无烟煤、烟煤的明显不同：TG 有两个明显的台阶，DTG 曲线有两个峰。主要是由于津凯褐煤的变质程度较低，煤粉中含有大量的挥发分和内水。在初始阶段（约 200℃ 以前）煤粉中的水分、挥发分析出，表现为 TG 曲线中的第一个台阶和 DTG 曲线中的第一个峰；约 300℃ 以后，煤粉中挥发分、固定碳开始燃烧，表现为 TG 曲线中的第二个台阶和

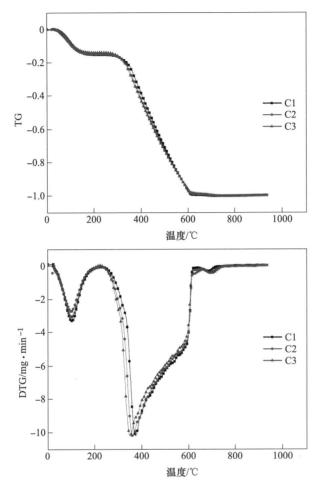

图 2-21 津凯褐煤燃烧 TG 与 DTG 曲线

DTG 曲线中的第二个峰。

从图 2-19~图 2-21 可知,煤粉粒度的细化对促进不同变质程度煤粉的燃烧效果不同。变质程度高的煤粉,粒度变小对促进煤粉燃烧具有很好的促进作用,如白杨墅无烟煤;但变质程度低的煤粉,如津凯褐煤,在实验范围内(50~200目),粒度变化对其燃烧的影响并不大。

2.3.4.2 着火特性与燃尽特性

下面采用常用的 TG-DTG 法确定着火温度[2]。如图 2-22 所示,M 点处温度为着火温度,N 点处温度为燃尽温度,L 点处温度为最大燃烧速率温度。对实验数据进行分析,得到不同变质程度煤粉的着火温度、燃尽温度,见表 2-33。

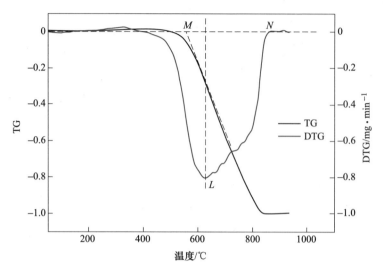

图 2-22 TG-DTG 法确定着火温度

表 2-33 着火温度与燃尽温度

样品	$T_i/℃$	$T_F/℃$	样品	$T_i/℃$	$T_F/℃$	样品	$T_i/℃$	$T_F/℃$
A1	555	861	B1	366	809	C1	297	718
A2	534	836	B2	334	765	C2	278	735
A3	518	804	B3	327	753	C3	267	743

由表 2-33 可以看出，随着粒度的减小，3 种煤粉的着火温度都有明显的降低。这是由于随着粒度的细化，煤粉颗粒表面升温较快，加热时间较短。从着火温度的角度可以得出，在实验范围内，粒度变小对不同变质程度煤粉着火点的影响大致相同，即都能明显降低煤粉着火温度，对促进燃烧有意义。

从表 2-33 还可以看出，随着煤粉粒度的变小，白杨墅无烟煤和宣化烟煤的燃尽温度逐渐降低。但随着粒度的减小，宣化烟煤燃尽温度降低的幅度逐渐变小；津凯褐煤则表现出相反的规律，随着粒度的细化，津凯褐煤的燃尽温度逐渐增大。这是由于津凯褐煤是低变质程度煤，其内部的大孔洞对有机质的燃烧反应起重要作用。随着津凯褐煤粒度的细化，煤粉颗粒中的大孔被破坏，导致煤粉燃烧后期的反应速度没有大颗粒时的快，细颗粒煤粉的燃尽时间比粗颗粒时的要长。因此，随着粒度的变小，津凯褐煤的燃尽温度逐渐增大。从燃尽温度的角度可以得出，在实验范围内，粒度变小对高变质程度煤粉燃烧有促进作用；但对于低变质程度煤粉的燃烧，其粒度不宜过细，过粒细后反而不利于促进燃烧。

2.3.4.3 综合燃烧特性

用综合燃烧特性指数 S_N[3]评价煤样的燃烧特性。综合燃烧特性指数 S_N 表征煤的综合燃烧性能，S_N 值越大，煤的燃烧特性越佳。

$$S_N = \frac{\left(\dfrac{dG}{d\tau}\right)_{max} \left(\dfrac{dG}{d\tau}\right)_{mean}}{T_i^2 T_F} \qquad (2-16)$$

式中　$(dG/d\tau)_{max}$——最大燃烧速率，mg/min；

　　　$(dG/d\tau)_{mean}$——平均燃烧速率，mg/min；

　　　　　　T_F——燃尽温度，℃；

　　　　　　T_i——着火温度，℃。

表 2-34 为实验试样的计算结果。

表 2-34　煤粉燃烧的综合燃烧特性指数

样　品	$(dG/d\tau)_{max}/mg \cdot min^{-1}$	$(dG/d\tau)_{mean}/mg \cdot min^{-1}$	$S_N/mg^2 \cdot (min^2 \cdot ℃^3)^{-1}$
A1	0.8050	0.5770	1.75×10^{-9}
A2	0.8779	0.6409	2.36×10^{-9}
A3	0.9963	0.5724	2.64×10^{-9}
B1	0.8208	0.3847	2.91×10^{-9}
B2	0.9709	0.4302	4.89×10^{-9}
B3	0.9820	0.4285	5.23×10^{-9}
C1	1.0130	0.4238	7.06×10^{-9}
C2	1.0180	0.4096	7.34×10^{-9}
C3	1.0194	0.4050	7.79×10^{-9}

从表 2-34 可以看出，3 种煤粉的综合燃烧特性指数 S_N 随粒度变化的规律基本相同。随着煤粉粒度的变小，综合燃烧特性指数 S_N 逐渐增大。相对于白杨墅无烟煤和宣化烟煤，津凯褐煤的综合燃烧特性指数随粒度变化的幅度明显要小很多。

结合煤粉粒度对着火特性和燃尽温度的影响可以解释不同变质程度煤粉的综合燃烧特性指数的变化规律。由于高变质程度煤粉挥发分含量少，固定碳含量较多，原煤颗粒内部微孔及热分解物质较少，故燃烧以层状燃烧为主。当其粒度细化后，煤粉颗粒变小，传热速度变快，煤粉着火时间提前，着火温度降低，最大燃烧速率也相应提高，最终燃尽温度也随之降低，因此，在实验范围内（50~200 目），粒度变化对高变质程度煤粉（白杨墅无烟煤）的燃烧特性变化影响较大。

低变质程度煤粉的特点是挥发分含量高，内水含量高，固定碳含量相对较少。原煤结构较为疏松，为多孔状，燃烧以内孔燃烧为主，并且在燃烧过程中大孔洞对内部有机质的燃烧反应起重要作用，是反应气体扩散出入颗粒内部的主要通道。当其粒度细化后，煤粉颗粒变小，传热速率变快，挥发分和水分迅速析出，煤粉挥发分着火时间提前，着火温度降低。但是由于粒度细化破坏了原煤内部的大孔结构，煤粉固定碳燃烧速率降低，燃尽温度有所升高。因此，在实验条件下，粒度变化对低变质程度煤粉的燃烧特性影响并不大。

2.3.4.4 燃烧动力学

假设在无穷小的时间间隔内，非等温过程可以看作等温过程，根据 Arrehenius 方程及质量作用定律，非等温热重实验的反应速率方程可表示如下[4]：

$$\frac{\mathrm{d}\alpha}{\mathrm{d}T} = \frac{A}{\beta} A \exp\left(-\frac{E_a}{RT}\right)(1-\alpha)^n \qquad (2-17)$$

试样转化率 α 可由 TG 曲线求得。

$$\alpha = \frac{m_0 - m_t}{m_0 - m_\infty} \qquad (2-18)$$

式中，β 为升温速率；A 为指前因子；E_a 为反应的活化能；$R = 8.314 \mathrm{J/(mol \cdot K)}$，为气体常数；$n$ 为反应级数；m_0、m_t 和 m_∞ 分别代表反应前、反应 t 时刻和反应结束时样品的重量。

在本节采用 Coats-Redfern 积分法计算样品的 TG 和 DTG 数据。粉煤燃烧选取反应级数 $n = 1$，整理得到近似解：

$$\ln\left[\frac{-\ln(1-\alpha)}{T^2}\right] = \ln\left[\frac{AR}{\varphi E}\left(1 - \frac{2RT}{E}\right)\right] - \frac{E}{RT} \qquad (2-19)$$

令式（2-19）等号左边式子为 Y，右边 $1/T$ 为 X，作图，即可根据斜率求得活化能 E，再将 E 值代入截距可得到频率因子 A 的值。

从煤粉的 TG、DTG 曲线可知，煤粉燃烧的不同阶段其曲线变化不同。本节采用 J. W. Cumming 提出的加权平均表观活化能来评价煤粉的反应性[5]：

$$E_m = E_1 f_1 + E_2 f_2 + \cdots + E_n f_n \qquad (2-20)$$

式中，$E_1 \sim E_n$ 为各反应阶段的表观活化能；$f_1 \sim f_n$ 为各反应阶段失重量占总失重量的百分数。

按照此方法求解各煤样平均表观活化能的结果见表 2-35。

表 2-35　各煤样的平均表观活化能

煤样	温度范围 /℃	失重份额 /%	各段表观活化能 E_i /kJ·mol^{-1}	相关系数 R	平均表观活化能 E_m /kJ·mol^{-1}
A1	531~609	16.18	144.828	0.9835	54.443
	609~805	74.99	34.770	0.9949	
	805~858	6.73	73.343	0.9895	
A2	485~605	25.92	59.826	0.9967	49.433
	605~786	68.56	24.563	0.9927	
	786~819	4.58	208.341	0.9800	
A3	535~597	22.85	62.683	0.9920	45.318
	597~763	67.92	37.634	0.9945	
	763~794	3.62	150.110	0.9483	
B1	332~434	24.49	27.783	0.9950	20.882
	434~598	59.81	15.534	0.9987	
	598~651	11.83	40.465	0.9728	
B2	343~404	16.55	16.127	0.9874	15.943
	404~565	59.57	13.676	0.9988	
	565~617	13.43	38.176	0.9744	
B3	315~410	27.49	17.192	0.9960	14.973
	410~575	57.94	12.456	0.9953	
	575~610	7.56	40.079	0.9661	
C1	333~562	68.65	8.683	0.9969	10.563
	562~613	11.48	40.087	0.9504	
C2	313~555	68.53	7.487	0.9957	8.612
	555~613	12.58	27.671	0.9541	
C3	312~555	69.48	7.346	0.9968	7.952
	555~620	11.60	24.552	0.9768	

由表 2-35 可知，煤粉的平均表观活化能随着粒径的减小而减小，这与姜秀民、孙学信等人研究结果一致[6,7]。但不同变质程度煤粉的平均表观活化能随粒径减小降低的幅度不同。随着煤粉变质程度的降低，不同粒级间的平均表观活化能变化值逐渐减小。由表 2-35 可以看出，变质程度最高的白杨墅无烟煤，其平均表观活化能随粒径减小降低的幅度最大；而变质程度最低的津凯褐煤，其平均表观活化能随粒径减小降低的幅度最小。这主要是因为煤粉的成分不同，所含挥发分、固定碳不同。白杨墅无烟煤的挥发分含量最低，固定碳含量最高，煤粉细化后，煤粉颗粒的传热速率变快，使小颗粒易于达到着火温度而着火，所需的能

量及活化能均变小；津凯褐煤的挥发分含量较高，煤粉着火方式与白杨墅无烟煤不同，主要是挥发分析出着火引燃固定碳，因此煤粉颗粒减小对其燃烧影响较小。从上述分析可以得出，在实验范围内，对于高变质程度煤粉，细化粒径有助于提高其燃烧特性；对于低变质程度煤粉，粒径减小对煤粉燃烧影响不大。

2.3.5 粒度对混煤燃烧性的影响

以方案 3（80%的宣化煤+20%的白杨墅煤）为例，研究混合煤粉不同粒度燃烧特性，实验数据见表 2-36。

表 2-36 混煤方案 3 不同粒度燃烧性 （%）

粒度/目	500℃	550℃	600℃	650℃	700℃	750℃	800℃	850℃	900℃
50~100	39.58	54.25	67.03	79.56	91.37	98.54	99.97	100	100
100~140	39.95	54.74	67.88	80.87	93.23	99.73	100	100	100
140~200	44.42	59.43	73.05	86.73	98.16	99.76	100	100	100
−200	51.44	66.96	81.3	94.74	99.82	100	100	100	100

对实验数据进行分析，得到的结果如图 2-23 所示。

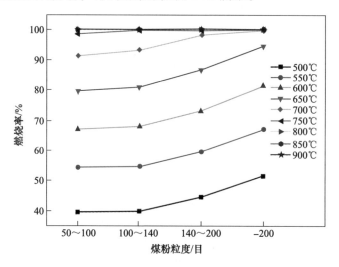

图 2-23 混合煤煤粉燃烧关系曲线

从图 2-23 中可以发现，随着粒度的减小，混合煤粉的燃烧率提高；随着燃烧温度的升高，混合煤粉燃烧率也不断提高；当燃烧温度高于 700℃时，本实验力度范围内混合煤粉粒度大小对混合煤粉燃烧效果影响较小。这里需要重点指出的是，在实际高炉生产过程中，煤粉高速射流进入风口回旋区，且在回旋区内停留时间极短。极短的燃烧时间是制约煤粉燃烧率提升的关键。因此，煤粉的粒度不宜过大，以避免因大颗粒尺寸带来的传热与着火问题。

2.4　全烟煤喷吹技术与工业应用

2.4.1　高炉喷煤系统安全评估及整改

鉴于烟煤优越的燃烧性和较低的价格，烟煤在钢铁企业的应用越来越普遍，且其在混合煤粉中的搭配比例越来越高。但高挥发分的烟煤具有易燃易爆特性，在实际生产操作过程中需要严格进行高炉制粉、喷吹系统的安全评估与整改，排除安全隐患，保证生产安全。

由于我国大多数钢铁企业建设较早，导致目前炼铁车间的装备和检测系统大多都有些安全问题，具体表现在以下几个方面：

（1）磨机运行时间长，密闭性差；

（2）干燥预热系统氧含量超高；

（3）布袋破损，漏风严重；

（4）系统温度检测传感器和气体浓度检测传感器破损。

因此，钢铁企业采用全烟煤喷吹技术对制粉系统进行较为细致的改造，才能实现全烟煤喷吹。钢铁企业常见的处理措施如下：

（1）磨机漏风常见的原因有废气输送管道接合处漏气（图 2-24（a））、磨机

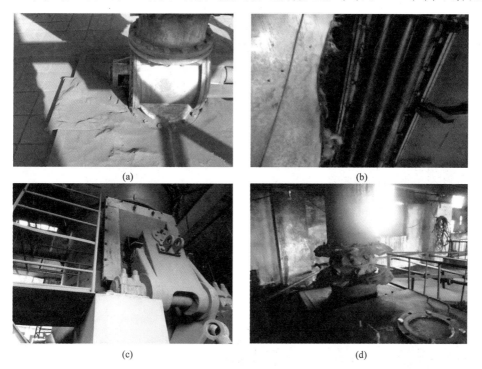

(a)　　　　　　　　　　　　　　(b)

(c)　　　　　　　　　　　　　　(d)

图 2-24　磨机漏风的常见原因

管道接合处破损漏气（图 2-24（b））、磨辊压臂与磨体间用软连接处破损（图 2-24（c））、给煤机与磨煤机间软连接处破损（图 2-24（d）），以及磨机排渣口漏风（图 2-25）。可通过在法兰处添加橡胶垫、更换软连接、对金属箱体漏风处进行焊接等方式（图 2-26）缓解漏风的现象。磨体排渣口漏风严重（因排渣口常开）时首先应与厂商联系调整、改造风环结构，或将废气接入排渣口，加大排渣箱并保持排渣口关闭。同时，由于排渣口负压较低，因此建议将排渣口设计成水封式，将排渣口插入水槽中，利用水对其进行密封，并通过定期排渣来减少由排渣口进入磨机的氧量。

图 2-25　磨机排渣口漏风

图 2-26　采用焊接方式修补漏风

（2）查找干燥预热系统氧含量超高原因并及时处理。干燥预热系统氧含量超高的主要原因有：换炉残余空气、管道阀门漏风、燃烧残氧等。采取的措施如下：通过优化操作减少由于热风炉切换过程中进入系统的多余空气，减少由于设备操作代入磨煤系统的氧。仔细检查废气输送管道各处的气密性，通过在连接处的法兰添加胶垫等方式减少由于输送系统漏风进入废气中的氧。通过理论计算或实际设备检测分析加热炉燃烧煤气的空气过剩系数是否合适，减少由于助燃空气过量带入系统中的多余的氧。从以上几个方面入手，减少由于各种原因进入废气的氧，从而减少磨煤机入口氧含量。如图 2-27 所示，系统维护后，磨机和布袋氧含量显著下降。

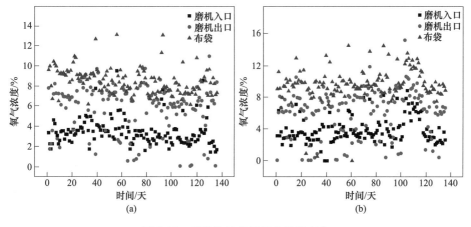

图 2-27　系统修补前后氧含量的变化
（a）修补前；（b）修补后

（3）降低磨机入口和出口温度。通过调整干燥气体温度，即通过调整热风炉废气和燃烧炉气体比例来控制干燥气体的温度，可以控制磨机入口温度。磨机入口温度得到改善，出口温度就会相应改善；同时加大给煤量也会降低磨机出口温度。

2.4.2　高炉全喷烟煤的操作规程

2.4.2.1　总体思路

以钢铁企业目前的混煤喷吹方案作为基准，逐步采用各种优化试验方案进行生产，并与基准进行对比，循序渐进，最终确定高炉及制粉系统可以接受的最优的安全、经济喷煤方案。

2.4.2.2　基准工业试验

根据现场情况，以目前的实际混煤方案连续稳定生产 14 天（之前对混煤取样检测表明，实际挥发分含量已接近30%，要保证混煤的挥发分含量较稳定地处于25%预设水平，而不出现挥发分含量超出预设过多的情况），一定要尽量稳定喷煤量、原料组成、设备及炉况，保证不出现大的波动。基准试验期间按时记录相关数据，并作为之后优化试验的对比依据。

2.4.2.3 正式工业试验

先选用混煤组成与基准期最接近的优化方案进行生产试验，保持同样的煤粉喷吹比、高炉原燃料条件及设备状况连续生产14天。根据制粉系统及高炉的反应确定是否进行下一个优化方案的生产试验。若没问题，则进行下一个优化方案的工业试验，试验期仍为14天。以此类推，各试验仅改变混煤配比，其他条件尽量保持一致，直至工业试验因故终止或4种优化方案试验顺利完毕。

2.4.2.4 确定最优混煤配比方案

根据上一阶段的工业试验，对各种配比优化方案进行综合分析，确定比基准更加经济且安全的混煤配比方案，并以确定的方案再次进行为期14天的连续生产，以考察最终优化配比方案的生产稳定性及效果的再现性。

2.4.2.5 确定合理喷吹比

得出最优的混煤方案之后，根据生产状况，在其他条件基本不变的情况下，逐渐增加优化混煤方案的喷吹比，每改变一个喷吹比的试验期仍为14天。以此确定在应用最优混煤配比方案生产的条件下，高炉经济合理的喷吹比范围。

2.4.2.6 安全要求

（1）温度标准：

磨煤机入口温度≤280℃；

70℃≤磨机出口温度≤100℃；

布袋温度<95℃；

成品煤仓温度<85℃。

（2）系统氧含量标准：

热风炉废气氧含量<3%；

磨煤机入口氧含量<6%；

磨煤机出口氧含量<6%；

布袋箱体出口氧含量<8%；

成品煤仓氧含量<8%。

（3）系统CO浓度标准：磨机、布袋箱体、成品煤仓 CO≤800×10^{-6}。

2.4.2.7　其他要求

工业试验期间，要尽量保证单煤质量的稳定性、高炉原燃料（焦炭、烧结矿、球团等）质量的稳定性、生产的稳定性等。高炉热制度、造渣制度以及出渣出铁制度正常调剂，并根据具体炉况酌情调整负荷，同时抓好炉内、炉前工作，保持炉况稳定顺行。

2.4.2.8　工业试验检测内容

在工业试验的整个期间内，对以下工序的各种内容进行检测：

（1）制粉工序。每天对喷吹混煤进行一次取样，进行粒度分析、工业分析等。

（2）高炉工序。由高炉生产负责人每天定时对试验期间的高炉操作参数及指标进行记录和统计，炼铁厂负责编制工业试验日报。

2.4.3　高炉全喷烟煤的工业应用效果

北京科技大学与唐山新宝泰钢铁有限公司联合，于 2012 年成功实现了高炉全烟煤喷吹，喷吹过程高炉安全稳定，取得了良好的经济效益。

前期北京科技大学研究团队对钢铁企业煤粉反复研究，选择电厂烟煤和总厂烟煤作为全喷烟煤的主要用煤。排查漏风原因，改善设备，最终选择 3 号新中速磨机作为做烟煤喷吹实验的主磨机，工业试验期间只提供给 2 号 450m³ 高炉使用。

由于新宝泰烧结的特殊原因，要求使用烧结矿、球团矿、块矿尽可能稳定。但是工业试验过程中炉料的不稳定性还是对此次试验产生了一定的影响。

在实验的过程中，由于市场和库存等诸多原因，先是大幅度增加块矿配比，炉料结构配比从 20% 增加至 30% 左右，后是把副焦更换成潞安焦炭，对强度直接造成了影响，是导致工业试验后期燃料比上升的主要原因之一。

此次工业试验于 2012 年 10 月 15 日正式开始，烟煤配比从 50% 增加至 100% 全烟煤喷吹。2012 年 10 月 27 日正式结束，共计 13 天，新宝泰 100% 全烟煤喷吹圆满成功，达到预期目标。

2.4.3.1　工业试验期间喷吹煤粒度变化

由于新宝泰钢铁第一次尝试 100% 喷吹烟煤的生产，所以操作人员及现场技术人员都是小心谨慎，完全按操作规程进行煤粉的磨制。然而，随着工业试验的进行，磨机制备的煤粉粒度逐渐变粗，见表 2-37。100% 烟煤喷吹时，混煤中小于 200 目（75μm）的比例由基准期的 97.39% 降至 45.29%。导致混煤粒度变粗主要有两方面的原因：一是为了制粉安全对磨机的温度进行了限制，磨煤机的出力不够，致使煤粉的粒度变粗；二是由于烟煤的可磨性较无烟煤低，故随着烟煤配比的增加，混合原煤的可磨性变差，成品混合煤粒度逐渐变粗。

表 2-37　工业试验期间煤粉粒度变化情况

时　间	名　称	<200 目（75μm）比例/%
10 月 17 日	70%烟煤+30%无烟煤	97.39
10 月 18 日	70%烟煤+30%无烟煤	50.95
10 月 20 日	80%烟煤+20%无烟煤	58.57
10 月 23 日	85%烟煤+15%无烟煤	71.23
10 月 26 日	100%烟煤	45.29

2.4.3.2　工业试验期间高炉除尘灰成分变化

高炉除尘灰碳含量主要来源于焦炭粉末和未燃煤粉，因此通常采用高炉除尘灰中碳含量的变化来评价高炉煤粉燃烧率情况。高炉除尘灰分为重力灰和布袋灰两种。重力除尘灰是高炉炉顶烟气经过重力除尘器后脱除的粉尘，通常粒度较粗，含碳粉尘以焦粉为主。布袋除尘灰是经过重力除尘后的烟气再次经过布袋除尘器脱除的粉尘，通常粒度较细，含碳粉尘以未燃喷吹煤粉为主。因此，通常采用布袋除尘灰中的碳含量变化来衡量高炉煤粉燃烧率情况。由表 2-38 可以看出，随着烟煤含量的增加，布袋除尘灰中的碳含量变化并不明显，但重力除尘灰中的碳含量略有增加。分析结果表明，100%烟煤喷吹时，高炉喷吹煤燃烧率基本不变，维持了较好的燃烧效果，但可能使焦炭的劣化程度加剧，导致重力灰中碳含量增加。

表 2-38　工业试验期间高炉除尘灰中碳含量

日　期	烟煤配比/%	重力灰含碳/%	布袋灰含碳/%
10 月 14 日	50	17.50	24.43
10 月 16 日	70	32.66	24.43
10 月 17 日	70	22.37	25.31
10 月 18 日	70	30.04	23.26
10 月 19 日	80	20.31	28.64
10 月 20 日	80	27.75	27.68
10 月 21 日	80	23.19	23.79
10 月 22 日	85	25.27	18.38
10 月 23 日	85	26.99	25.13
10 月 24 日	85	38.53	24.86
10 月 25 日	100	35.84	22.78
10 月 26 日	100	30.48	19.56

2.4.3.3 工业试验期间高炉操作指标变化

图 2-28 所示为工业试验期间高炉压差的变化情况，可以看出 10 月 21 日增加块矿配比后，压差有些波动。在 10 月 25 日、10 月 26 日两天 100%全烟煤喷吹冶炼压差正常，26 日总体略有上升不明显。总体来说，除了 10 月 21 日压差有所波动外，其余几日经过调整，高炉的压差基本稳定。

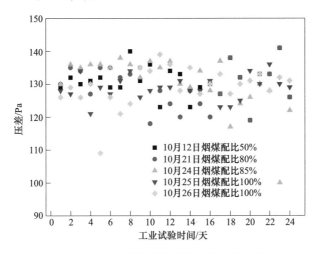

图 2-28 工业试验期间高炉压差变化规律

图 2-29 所示为工业试验期间高炉透气性指数的变化情况，可以看出透气性指数变化均在高炉可接受范围内，没有异常波动，且全喷烟煤总体上要好于其他情况。因此从压差和透气性指数来看，高炉的下料没有任何问题。

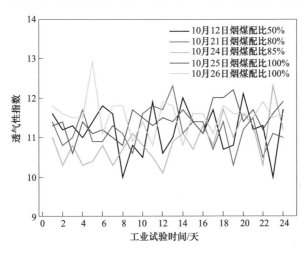

图 2-29 工业试验期间高炉透气性指数变化规律

图 2-30 所示为工业试验期间高炉利用系数的变化情况，可以看出随着烟煤配比的增加高炉利用系数整体变化不大，在 4.02~4.28 间略有波动。高炉产量没有降低，高炉的运行情况良好。

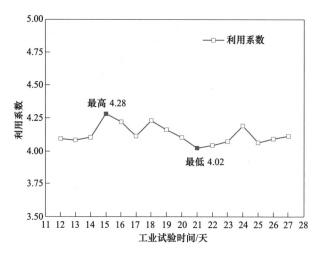

图 2-30　工业试验期间高炉利用系数变化规律

图 2-31 所示为工业试验期间高炉铁水中硅含量的变化情况。铁水硅含量反应铁水温度的高低，铁水温度越高，炉缸温度越充沛，铁水中硅含量越高。在工业试验期间［Si］含量保持较高水平，尤其是最后 3 天 100% 烟煤喷吹阶段。表明 100% 烟煤喷吹并未造成高炉炉缸温度降低，影响高炉生产。

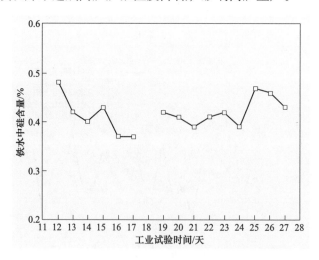

图 2-31　工业试验期间高炉铁水硅含量变化规律

图 2-32 所示为工业试验期间高炉的燃料消耗情况。可以看出工业试验前期

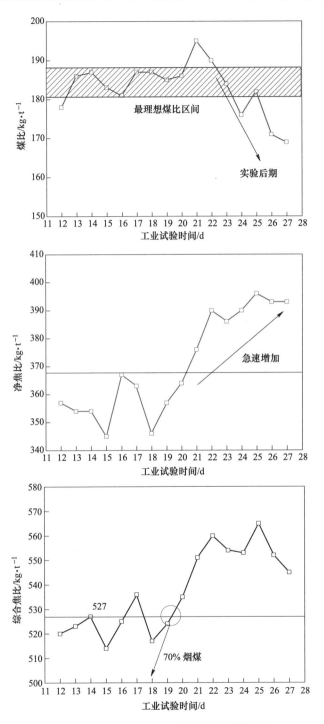

图 2-32　工业试验期间高炉燃料消耗情况

高炉煤比稳定，而工业试验后期高炉煤比持续降低，与此同时高炉焦比也急速增加。从工艺指标不考虑经济效益的情况下，新宝泰 2 号 450m³ 高炉最好喷吹高挥发分煤粉在 185kg/t 左右，不要超过 190kg/t，也不要低于 181kg/t。煤比的降低必然带来焦比的变化，从 20 日开始焦比一直在上升，20 日焦比为 364kg/t，煤比 186kg/t，烟煤配比 70%~75%。

以目前的冶炼状况，新宝泰高炉的最佳指标应该在煤比 185kg/t 左右，焦比 360kg/t 左右，烟煤配比最好在 70%~75%，新宝泰的指标最佳。从经济角度，目前市场中无烟煤和烟煤价格差距不大，不适用 100% 烟煤配比，但是未来无烟煤和烟煤的价格差增大，新宝泰钢铁有限公司完全有能力进行全烟煤喷吹。

2.5 高比例褐煤喷吹技术与工业应用

高炉通过合理混合配煤，可以扩大喷煤资源，降低成本，并综合各煤种的优点，达到喷煤最佳性能配置[8,9]。一些煤源广泛、价格合理，而性能指标较差的煤种在采用混合喷煤时也可适当应用，其中价格相对低廉的褐煤逐渐被研究者们关注[10~13]。褐煤属于煤化程度最低的煤种，含水量高、热值低、易风化和自燃，不利于长途运输和储存，因此价位较低，多用作化工、动力、民用燃料。凌钢周边东北和内蒙古地区褐煤资源比较丰富，具备一定的地理优势，而且褐煤普遍硫含量偏低，如果不影响喷煤工艺性能，适当添加褐煤可以有效降低喷煤成本。本节对凌钢褐煤喷吹的生产实践进行系统分析，旨在为其他企业高炉喷吹资源拓展提供参考。

2.5.1 凌钢高炉喷煤现状

凌钢作为国有大型钢铁企业，具有国内较为先进的技术水平和完善的装备水平。现有年产钢能力 600 万吨，主要设备包括高炉 5 座、转炉 6 座、连续棒材轧线 5 条、高速线材轧线 1 条、中宽热带轧线 1 条、焊接钢管生产线 9 条。工艺结构和产品结构合理，具有较强的市场竞争能力。

凌钢二炼铁高炉采用的配煤结构为"贫瘦煤与烟煤"混合喷吹模式，这种喷吹模式的好处在于煤粉燃烧率高，充分发挥了烟煤与贫瘦煤的相互促燃作用。目前在富氧率 2%、风温维持在 1200℃ 的条件下，高炉喷煤比保持在 150kg/t 左右，高炉顺行稳定。

凌钢二炼铁制粉车间有两台中速磨煤机，目前 2300m³ 高炉喷吹煤粉由两台 ZGM-95 型中速磨煤机立式磨提供。两台磨机的制粉能力在 65t/h 左右，基准期和试验期 2300m³ 高炉的小时喷煤量分别在 38t/h 左右，磨煤机制粉能力能够满足喷吹要求。

凌钢目前使用的磨煤机磨制无烟煤时控制立式磨入口温度 ≤300℃，立式磨出口温度 60~85℃；磨制烟煤（混合煤）时控制立式磨入口温度≤260℃，立式磨出口温度 60~75℃，布袋灰斗温度≤70℃，煤粉仓温度≤70℃，主排风机前后轴温度不超过周围环境 40℃，各安全参数均控制在合理范围内[14]。

2.5.2 工业试验方案确定

2.5.2.1 工业试验方案

根据现场情况，将喷吹褐煤工业试验前高炉原燃料条件及操作较为稳定的一段时间作为基准期，在统计中对基准期中出现炉况波动不顺时的生产数据予以忽略，不列入记录范围。

根据工业试验方案开展试验，试验期间密切关注制粉系统运行是否正常及高炉炉况是否顺行，根据实际情况及时调整操作及工业试验的各项安排。在安全、有序的前提下完成试验方案中所有配煤方案。试验期拟分 3 个阶段进行，具体试验安排如下：

阶段一：配煤结构为 10%褐煤+90%电精煤，2015 年 1 月 6 日~1 月 14 日；

阶段二：配煤结构为 20%褐煤+80%电精煤，2015 年 1 月 15 日~1 月 20 日；

阶段三：配煤结构为 30%褐煤+70%电精煤，2015 年 3 月 3 日~3 月 20 日。

2.5.2.2 工业试验保障

为保证工业试验顺利进行，工业试验开始前，针对凌钢二炼铁原燃料管理、现场操作参数控制及制粉输送系统的安全控制进行了全面分析，并结合现场的实际情况，提出了相关改进方案。

（1）加强安全管理。严格监控制粉系统和输送系统监测点的温度和氧含量变化情况，检查紧急冲氮设备的可靠性，保证褐煤喷吹期间设备处于安全状态。建立具体的系统温度控制标准：磨煤机入口温度小于 280℃，磨机出口温度在 70~100℃，布袋温度小于 95℃，煤仓温度小于 85℃。

系统氧含量标准：热风炉废气氧含量小于 3%，磨煤机入口氧含量小于 6%，磨煤机出口氧含量小于 6%，布袋箱体出口氧含量小于 8%，成品煤仓氧含量小于 8%。

（2）加强原燃料质量稳定。工业试验期间，尽量保证褐煤货源稳定，直接与生产单位联系采购，保证褐煤质量稳定。加强电精煤、焦炭和高炉其他原料（烧结矿、球团、块矿等）的质量管理，保证入炉原燃料质量稳定，进而稳定高炉生产。工业试验期间需保证高炉热制度、造渣制度以及出渣出铁制度正常调剂，以保持炉况稳定顺行。

（3）加强燃料堆放管理。加强料场的管理，入厂的电精煤和褐煤分开堆放，避免料场燃料混合影响取料的准确性。充分利用凌钢的制粉车间的两个储煤仓，试验期间分别用于储存电精煤和褐煤，保证电精煤和褐煤单独下料。对配煤皮带称量进行校正，保证皮带秤的精确。通过加强到厂燃料的堆放管理和设备维护，保证褐煤配入比例的可控性和精确性。

（4）安全措施执行情况。为防止自燃，严格控制褐煤库存不高于1000t，在煤棚保存期限不超过5天。试喷期间，3天校秤一次，工艺秤准确，煤种和煤仓安装标识牌，褐煤与两侧煤堆界限2m。试喷期间，烟煤蓬料平均每班2次（由于煤泥较多，黏结性强），但联锁系统都好用，能够及时停机。严格执行日检制，保证厂房、通廊、设备等无积灰、无粉尘。密切关注褐煤成分，对进厂褐煤进行车车检验，待化验结果出来后，才可用于生产，用以指导合理的配加比例。

2.5.3 工业试验效果分析

2.5.3.1 高炉操作指标对比分析

表2-39为工业实验期间高炉操作参数的对比分析情况。从表中可以看出工业实验期间与基准期相比，风温都维持在1210℃左右，富氧在2.9%~3.1%，入炉品位在56.5%左右，风量略有升高。表明工业实验期间送风制度、入炉品位基本不变，为褐煤喷吹对高炉的影响作用分析提供了很好的基础条件。从顶温、透气性指数和理论燃烧温度的变化情况来看，褐煤用于高炉喷吹后，高炉顶温略有升高，理论燃烧温度略有降低，但透气性指数基本保持不变。高炉顶温升高的主要原因是由于随着褐煤喷吹量的增加，煤粉的挥发分增加，同时风口的风量增加，导致炉内煤气量的增加，炉顶温度随之升高。理论燃烧温度的降低主要是由于褐煤喷吹比例增加后，导致风口前的分解热增加，进而使得燃烧焦点温度降低，理论燃烧温度降低。从顶温和理论燃烧温度的变化情况来看，高炉喷吹30%的褐煤是完全可以接受的。

表2-39 基准期和试验期各阶段高炉操作参数变化

项　目	利用系数 /t · (m³ · d)⁻¹	风量 /m³ · s⁻¹	风温 /℃	富氧率 /%	入炉品位 /%	透气性指数 /m³ · (min · kPa)	顶温 /℃	理论燃烧温度 /℃
基准期	2.39	4412	1208	2.99	56.66	26.49	120	2300
阶段一	2.42	4415	1218	3.15	56.73	26.03	130	2309
阶段二	2.39	4436	1217	2.92	56.50	27.03	129	2301
阶段三	2.39	4476	1216	2.94	56.44	26.51	125	2274

2.5.3.2 煤粉利用率分析

为了考察褐煤喷吹时高炉风口煤粉利用率的情况，现场统计分析了不同阶段重力除尘灰的含碳量，如图 2-33 所示。从图中可以看出，随着高炉喷吹煤中褐煤的配比量增加，重力除尘灰中的碳含量有所降低。主要是由于褐煤为高挥发分煤，在风口回旋区的燃烧效果好于烟煤和电精煤。褐煤掺混后用于高炉喷吹能够有效改善风口煤粉的燃烧率，提高煤粉的利用率。

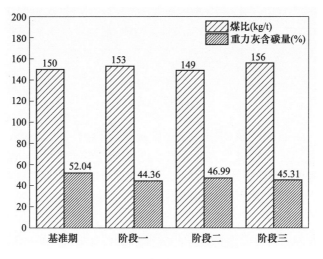

图 2-33 除尘灰碳含量分析结果

2.5.3.3 褐煤喷吹经济性分析

凌钢喷吹褐煤的目的在于充分发挥褐煤的低价格优势，实现以褐煤替代烟煤用高炉喷吹，降低高炉的燃料成本。通过统计分析发现，随着褐煤喷吹量的增加，煤比比基准期有所增加，焦比逐渐降低，燃料比也逐渐降低，见表 2-40。表明凌钢喷吹褐煤后高炉风口煤粉利用率增加，燃料消耗逐渐降低，有助于大幅降低高炉的燃料成本。

表 2-40 基准期和工业试验期间高炉燃料消耗情况

项 目	煤比/kg·t⁻¹	焦比	燃料比
基准期	150	395	545
阶段一	153	391	544
阶段二	149	389	538
阶段三	156	391	546

表 2-41 为基准期和工业试验期间高炉吨铁燃料费用变化情况。从表中可以看出，褐煤取代烟煤用于高炉喷吹后，混煤成本和焦炭成本较基准期大幅降低。随着褐煤添加量增加至 30%，高炉燃料成本由基准期的 624.91 元/t 铁下降至 530.07 元

/t 铁，排除焦炭采购价格下降因素影响，吨铁燃料成本降低约 7.81 元。

表 2-41　基准期和工业试验期间高炉吨铁燃料成本变化情况

项　目	混煤成本/元	焦炭成本/元	电耗/元	燃料成本/元
基准期	90.1	531.81	3	624.91
阶段一	85.48	481.87	3	570.35
阶段二	82.72	476.23	3	558.95
阶段三	82.29	444.78	3	530.07

2.6　本章小结

（1）选择及评价高炉喷吹用煤不仅要考虑煤粉的工业分析及可磨性，还应考虑热值、元素分析、燃烧性、反应性、灰熔点、输送性能、着火点、爆炸性等。其中，煤的燃烧性和有效热值应作为重点考虑的因素。基础实验研究表明，低阶煤（烟煤、褐煤）具有较高的燃烧性和反应性，有助于提高煤粉的燃烧率。然而，低阶煤中含有较高的挥发分和较强的爆炸性，在使用过程中要注意制粉和喷吹的安全。此外，高挥发分烟煤和褐煤的可磨性比传统喷吹煤要差很多，在控制煤粉粒度时需要综合考虑磨机的制粉能力和煤粉的燃烧性。

（2）唐山建龙新宝泰钢铁有限公司已经掌握了喷吹 100% 烟煤的制粉安全操作规程和高炉喷吹技术。工业试验期间，2 号 $450m^3$ 高炉稳定顺行，即使在被迫大规模改变炉料结构等不利条件下，也没有出现任何炉况波动。以目前的冶炼状况，新宝泰高炉的最佳指标应该在煤比 185kg/t 左右，焦比 360kg/t 左右，烟煤配比在 70%~75% 新宝泰的指标最佳。

（3）凌钢成功实现褐煤取代烟煤与电精煤混合用于高炉喷吹。褐煤比例逐步由 10% 提高至 30%，高炉持续稳定运行直至工业试验顺利结束。通过分析工业试验期间燃料成本，发现褐煤添加比例为 30% 时，排除焦炭采购价格下降因素的影响，高炉吨铁燃料成本可降低约 7.81 元，褐煤用于高炉喷吹对降低铁水成本具有显著的效果。

参 考 文 献

[1] 苏天雄. 浅谈我国低阶煤资源分布及其利用途径 [J]. 广东化工, 2012 (6)：141~142.

[2] 贺鑫杰, 张建良, 等. 催化剂对煤粉燃烧特性的影响及动力学研究 [J]. 钢铁, 2012, 47 (7)：74~79.

[3] 姜秀民, 李巨斌, 等. 超细化煤粉燃烧特性的研究 [J]. 中国电机工程学报, 2000, 20 (6)：71~78.

［4］ Zhou J H, Ping C J, Yang W J, et al. Thermo-gravimetric Research on Dynamic Combustion Re-action Parameters of Blended Coals ［J］. Power Engineering, 2005, 25 (2)：208～301.

［5］ Cumming J W. Reactivity assessment of coals via a weighted mean activation energy ［J］. Fuel, 1984, 63 (10)：1436～1440.

［6］ 顾飞, 高斌, 等. 粒度组成对煤粉燃烧率的影响 ［C］∥2001 中国钢铁年会论文集, 2001：261～264.

［7］ 孙学信, 陈建原. 煤粉燃烧物理化学基础 ［M］. 武汉：华中理工大学出版社, 1991.

［8］ 陈春元, 王玉英. 包钢高炉喷煤新系统烟煤喷吹合理比例的研究 ［J］. 包钢科技, 2008 (4)：10～12.

［9］ 徐万仁. 提高高炉喷煤量的限制因素和技术措施 ［C］∥全国高炉喷煤技术研讨会, 江西景德镇, 2008.

［10］ Lim Pach R, 张建中. 高炉喷吹褐煤的试验 ［J］. 炼铁, 1984 (4)：69～72.

［11］ 张秋民, 李文翠, 郭树才, 等. 扎赉诺尔褐煤制取高炉喷吹料和中热值煤气研究 (Ⅰ) 煤气、焦油产率及性质 ［J］. 煤炭转化, 1997 (3)：69～73.

［12］ 周锡功. 褐煤喷吹的探索 ［J］. 昆明工学院学报, 1985 (1)：47～56.

［13］ 张伟, 王再义, 张立国, 等. 鞍钢高炉综合喷吹技术探索与实践 ［C］∥第九届中国钢铁年会, 北京, 2013.

［14］ 马晓勇, 李亮, 张建良, 等. 凌钢2300m³高炉褐煤喷吹生产实践 ［J］. 炼铁, 2017 (3)：44～47.

3 高炉喷吹兰炭技术与工业应用

3.1 兰炭概述

兰炭，结构为块状，粒度一般在 3mm 以上，颜色呈浅黑色，是铁合金、化肥、电石、高炉喷吹等行业的燃料及还原剂，也是生产活性炭等化工产品的原料。

兰炭最早的使用其实是从民间开始的，有些烧炭比较缺乏的地方，把炉子里燃剩的煤块剔出来，用于炉膛压火或烧风箱炉用，因烟少、温度高、耐燃等优点受到农村家庭主妇的青睐。其燃烧时火焰呈蓝色，故称为兰炭[1]。

兰炭产业肇始于 20 世纪 90 年代的神木及周边县区，是神木群众将当地特有的优质煤炭用明火堆烧，并将堆烧熄灭后得到的固体炭化产品。2008 年底国家取缔土焦，兰炭开始了第一轮升级换代，进入炭化炉冶炼时代，最初是采用鞍山热能研究院研发的年产 1.5 万吨、3 万吨等小炉子生产兰炭，并回收干馏过程中产生的煤焦油，目前已经完成了第二轮升级换代，发展成 60 万吨以上的大型现代化兰炭生产装置，炭、油、气综合利用，生产规模化、工艺节能化、操作自动化、环保标准化，成为煤化工行业的新秀。兰炭这一产业，由最初的土著产业、游走在政策边缘的产业，经过不断技术进步和宣传推广等获得社会广泛认可，被纳入国家产业目录。

现在的兰炭又被称为"焦粉、半焦"，是生产铁合金、电石的优质还原剂，其具有三高四低的特点：固定碳高、化学活性高、比电阻高、灰分低、铝低、硫低、磷低。用兰炭生产铁合金、电石时最大的优势是节能降耗（单位电耗的降低率 9.65%），尤其是用兰炭生产硅铁、硅合金时可以使产品的铝含量降低，增加优质品的产出率，兰炭已逐步取代冶金焦广泛运用于电石、铁合金、硅铁、碳化硅等产品的生产，成为一种不可替代的碳素材料。兰炭按照粒度大小可以分为兰炭大料、兰炭中料、兰炭小料和兰炭末，如图 3-1 所示。

兰炭大料

兰炭中料

兰炭小料

图 3-1 兰炭产品

目前国内兰炭主产地为陕西、新疆、内蒙古和宁夏地区，全国预计兰炭年产量在 9000 万吨左右。若将这部分兰炭资源应用于钢铁行业，将有助于减小钢铁工业对焦肥煤、无烟煤的依赖，优化资源配置，减少环境污染[2]。但如何将不同规格的兰炭合理地运用于高炉喷吹，并保证高炉炼铁工艺的高效稳定顺行是目前需要解决的关键问题。

3.2　兰炭的基础性能与工艺性能

3.2.1　兰炭工业分析

采用陕西神木地区生产的五洲、恒源、兴永系列兰炭的 3 个粒级（兰炭粉、兰炭小块、兰炭中块等）作为研究样品，选择国内高炉喷吹普遍采用的阳泉无烟煤作为对比样品。各粒级产品由兰炭成品直接筛分，或者经过兰炭混破碎后筛分获得。根据国标 GB/T 25212—2010 兰炭产品品种及等级划分，兰炭粉粒度<6mm，兰炭小块粒度为 6～13mm，兰炭中块粒度为 13～25mm。

表 3-1 为兰炭样品与阳泉无烟煤的工业分析结果。由表 3-1 可以看出，各兰炭样品灰分含量差异较大，从 4.5%～14.5% 不等，除五洲兰炭粉、兴永兰炭粉和兴永中块外，均满足我国对高炉喷吹用煤灰分含量（$w_A < 12\%$）的要求，且略低于阳泉无烟煤。其中恒源和五洲兰炭灰分含量随产品的粒级增大而减小，但兴永兰炭无此规律。恒源兰炭的灰分含量整体较低，恒源中块灰分含量最少，仅为 4.58%，该系列中灰分含量最高的恒源兰炭粉末也仅有 10.19%。与恒源相比，五洲和兴永兰炭灰分含量相对较高，其中五洲兰炭粉灰分含量最高，为 14.42%。其次为兴永中块和兴永兰炭粉，灰分含量分别为 13.18% 和 12.62%，而兴永小块较低，为 8.00%。造成灰分差异的原因，不但与使用原煤的成分有关，也与生产过程中灰分随烟气的流失量有关，高炉喷吹应用中应根据实际情况与实验分析适当搭配。

表 3-1　不同类型兰炭的工业分析

名　称	A_{ad}/%	V_{ad}/%	FC_{ad}/%	M_{ad}/%
恒源兰炭粉	10.19	9.88	79.29	0.64
恒源小块	8.14	7.90	83.32	0.64
恒源中块	4.54	7.29	87.45	0.72
五洲兰炭粉	14.42	11.05	74.03	0.50
五洲小块	8.42	8.77	82.07	0.74
五洲中块	8.34	6.69	84.21	0.76
兴永兰炭粉	12.62	8.39	78.42	0.57
兴永小块	8.00	10.28	81.04	0.68
兴永中块	13.18	7.52	78.65	0.65
阳泉无烟煤	9.95	7.06	82.36	0.63

　　兰炭是经过中、低温干馏后的半焦产品，其挥发分已在生产过程中大量析出，从成分含量角度来看，兰炭的情况更接近于无烟煤。由表3-1可以看出，兰炭样品挥发分在6.5%～11.5%之间，除五洲中块为6.69%外，其余兰炭样品挥发分含量均大于阳泉无烟煤。整体来看，3个系列的兰炭产品之间平均挥发分含量差异并不大，而各系列内随粒级不同表现出的含量差异却较为明显。恒源兰炭与五洲兰炭表现出随产品的粒级减小挥发分含量升高的趋势，这很可能是生产过程中原煤受热不均衡造成的，温度较高处原煤挥发分大量析出结焦，从而聚合在一起成为较为坚固的大块；而温度较低处原煤挥发分析出量有限，不能结成坚固半焦，极易破碎成小块或粉末。

　　挥发分的大量析出，导致兰炭中固定碳含量的相对提高。由表3-1可以看出，兰炭固定碳含量较高，尤其是恒源中块固定碳含量达到87.45%，样品中五洲兰炭粉含量最低，为74.03%，其余兰炭样品固定碳含量均在80%左右，与阳泉无烟煤相近。恒源兰炭固定碳含量整体上最高，其次为五洲兰炭，兴永兰炭最低，且恒源和五洲兰炭固定碳含量随产品的粒级减小而提高。

3.2.2　兰炭元素分析

　　兰炭是原煤经过中、低温干馏获得的，在生产过程中有机物和部分矿物质热解析出，导致S、H、O元素减少，尤其是硫元素含量降低，对钢铁生产极为有利。高炉中喷吹煤粉的硫含量应与焦炭硫含量相同，一般认为应小于0.6%。

　　由表3-2可以看出，各系列兰炭样品硫含量均较低，是阳泉无烟煤硫含量的30%～50%，其中硫含量最高的恒源兰炭粉也仅为0.34%。整体来看，兴永兰炭硫含量最低，平均硫含量为0.21%，其中兴永中块最低，为0.18%，而恒源兰炭与五洲兰炭硫含量情况大致相同，平均硫含量在0.26%左右。此外，同系列兰炭中硫含量变化规律同其挥发分含量变化规律类似，也出现了随粒级降低硫含量升高的情况。

表3-2　不同类型兰炭的元素分析

名　称	C_{ad}/%	H_{ad}/%	N_{ad}/%	$S_{t,ad}$/%	O_{ad}/%
恒源兰炭粉	80.87	2.35	0.82	0.34	4.79
恒源小块	84.54	1.82	0.80	0.22	3.84
恒源中块	88.63	1.78	0.87	0.24	3.00
五洲兰炭粉	75.18	1.78	0.70	0.30	7.12
五洲小块	82.98	1.66	0.82	0.25	5.13
五洲中块	85.03	1.36	0.74	0.24	3.53
兴永兰炭粉	79.13	1.79	0.86	0.26	4.77
兴永小块	82.98	2.06	0.80	0.20	5.28
兴永中块	79.54	1.66	0.82	0.18	3.97
阳泉无烟煤	83.29	3.31	1.12	0.62	6.66

由表 3-2 可以看出，兰炭样品中只有恒源兰炭粉的 H 含量达到了 2.35%，其余样品 H 含量均≤2%，是阳泉无烟煤 H 含量的 1/2 倍左右；而 C 含量除五洲兰炭粉略低外，其余均在 80%~90% 之间，与阳泉无烟煤接近。由于炉缸煤气量增加与燃料 H/C 有关，H/C 比值越低，生成煤气量越少，所以生产过程中大量 H 的流失，极有可能导致兰炭喷入高炉后，炉缸煤气含量减少和穿透力降低，从而使上部焦炭预热温度降低，带入炉缸热量减少，中心热量得不到补充，导致炉缸中心温度降低，燃烧带也相应缩小。然而，H/C 比值的减少也降低了燃料对于分解热的消耗，增加了燃料在风口回旋区的有效放热量，使理论燃烧温度上升，减少了焦炭消耗。

3.2.3 灰成分分析

实验以恒源兰炭为例，对恒源兰炭各粒级产品灰中的 CaO、MgO、Al_2O_3、SiO_2 等主要氧化物含量进行了化验分析，结果见表 3-3。恒源兰炭不同粒级产品灰中 CaO 含量差异较大，其中恒源兰炭粉最多，能够达到 15.9%；其次为恒源中块（11.9%）；恒源小块最少，为 9.23%。而 MgO 与 Al_2O_3 含量差异较小，MgO 含量在 1.1%~1.4% 之间，Al_2O_3 含量在 15%~17% 之间。通常煤灰中 SiO_2 含量较多，几乎所有矿物中都含有 SiO_2，而恒源兰炭灰中其含量均较高，且不同粒级差异也较大，在 35%~50% 之间。

表 3-3 恒源兰炭样品灰成分 （%）

名　称	CaO	MgO	Al_2O_3	SiO_2
恒源兰炭粉	15.9	1.14	15.30	35.30
恒源小块	9.23	1.26	15.60	49.40
恒源中块	11.90	1.40	16.90	41.80

由表 3-4 可以看出，恒源兰炭各粒级产品的 Zn 含量均在 0.01% 以下，低于检测范围下限。Na 含量普遍较低，比正常高炉喷吹用煤粉低一个数量级，随粒级增大 Na 含量升高，与恒源兰炭固定碳含量变化趋势一致。恒源兰炭 K 含量随粒级增大呈下降趋势，恒源兰炭粉 K 含量较高，超过 0.4%，而恒源小块 K 含量与常用高炉喷吹煤粉接近，恒源中块 K 含量较低，仅有 0.0096%。煤中的 K 一般以长石、云母等硅酸盐形式存在居多，挥发分的析出对煤中 K 含量影响不大，而灰分含量的影响成为主因，所以灰分含量越高 K 含量越高，这也与恒源兰炭随粒级增大灰分含量降低的趋势一致。使用 Zn 及碱金属含量较少的原料，可以减少该有害元素对焦炭骨架的破坏和炉墙的腐蚀，有利于生产的顺利进行，使高炉长寿。

表 3-4 恒源兰炭碱金属及 Zn 含量 （%）

名 称	恒源兰炭粉	恒源小块	恒源中块
K	0.0453	0.0279	0.0096
Na	0.0450	0.0480	0.0550
Zn	≤0.010	≤0.010	≤0.010

3.2.4 灰熔点

由表 3-5 可以看出，兰炭样品灰熔融特性温度远低于阳泉无烟煤，4 个特征温度区间分别为：变形温度（DT）1084～1195℃，软化温度（ST）1168～1290℃，半球温度（HT）1173～1313℃，流动温度（FT）1200～1357℃。各系列样品不同粒级之间，同一特征温度差异较大，但二者之间并无一定规律。4 个特征温度中软化温度用途较广，也较为重要，一般以它作为燃烧设备选择的参考。各系列样品中都存在软化温度较低的粒级，即该粒级 ST<1200℃ 的情况；流动温度（FT）除五洲兰炭粉和兴永中块外，也都在 1300℃ 以下。使用灰熔融特性温度较低的样品喷入高炉，极有可能造成煤枪堵塞和燃烧率降低等问题。

表 3-5 兰炭样品灰熔融特性温度

试样编号	样品名称	熔融特性温度/℃			
		DT	ST	HT	FT
1	恒源兰炭粉	1137	1178	1195	1223
2	恒源小块	1125	1251	1279	1297
3	恒源中块	1135	1168	1173	1200
4	五洲兰炭粉	1084	1235	1272	1357
5	五洲小块	1148	1229	1256	1289
6	五洲中块	1143	1172	1184	1200
7	兴永兰炭粉	1173	1189	1195	1201
8	兴永小块	1175	1192	1197	1204
9	兴永中块	1195	1290	1313	1336
10	阳泉无烟煤	1465	>1500	>1500	>1500

如图 3-2 所示，兰炭样品 4 种特征温度变化趋势大致相同，但也存在如五洲兰炭粉这种特征温度温差跨度较大的情况，其变形温度（DT）最低为 1084℃，与软化温度（ST）之间温差较大，软化温度（ST）与半球温度（HT）之间差距减小，而流动温度（FT）在样品中最高，达到 1357℃。五洲小块、恒源小块和兴永中块，也如五洲兰炭粉一样，特征温度跨度区间较大，这种变化主要体现在

变形温度（DT）与软化温度（ST）之间。其余兰炭灰样与之形成鲜明对比，4个特征温度间的温差较小，图3-2中表现为曲线较为平缓。

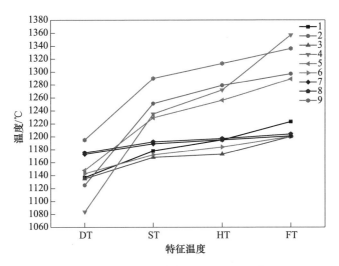

图3-2　兰炭样品灰熔融特性温度变化

如图3-3所示，恒源兰炭3种灰样的变形温度（DT）差异不大，恒源小块略低于恒源兰炭粉与恒源中块10℃左右，而软化温度（ST）差距明显提高。恒源小块软化温度（ST）为1251℃，高于其余两种灰样约65℃，此后各特征温度均表现较高，流动温度（FT）达到1297℃。恒源兰炭粉与恒源中块相比，灰熔融特性温度优势也逐渐增大，但相比恒源小块仍显较低。

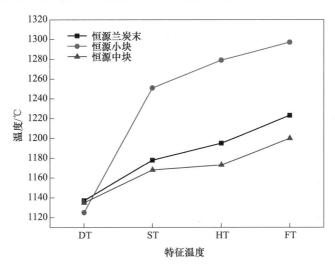

图3-3　恒源兰炭灰熔融特征温度曲线

恒源小块变形温度（DT）的低温表现，很可能是由于灰中 SiO_2 含量较高所致，当灰中 SiO_2 含量在 45%~60% 时，SiO_2 很容易与其他一些金属和非金属氧化物形成一种玻璃体物质，该物质具有无定型的结构，会表现出一定的助熔作用，所以恒源小块灰锥首先变形。而后因为恒源小块灰成分中酸碱氧化物含量比值较大，故一直保持了较高的软化温度（ST）、半球温度（HT）和流动温度（FT）。

3.2.5 发热值

见表 3-6，兰炭样品的平均高位发热量为 29.05MJ/kg，可满足高炉喷吹煤粉对于发热量的要求，但整体上低于阳泉无烟煤的发热量。其中恒源兰炭高位发热量明显高于其他系列兰炭，其高位发热量均在 29MJ/kg 以上；恒源中块高位发热量最高，达到 31.51MJ/kg；五洲兰炭粉高位发热量最低，仅为 26.33MJ/kg。根据有效热的分析方法，阳泉无烟煤在高炉风口前燃烧放出的有效热仅为 6.85MJ/kg，除了比五洲兰炭粉高外，低于所有其他兰炭的有效热值。

表 3-6 兰炭高位发热量

名 称	高位发热量/MJ·kg⁻¹	有效热值/MJ·kg⁻¹
恒源兰炭粉	29.20	7.59
恒源小块	29.70	7.77
恒源中块	31.46	8.66
五洲兰炭粉	26.28	6.63
五洲小块	29.44	8.08
五洲中块	30.00	8.38
兴永兰炭粉	27.80	6.98
兴永小块	29.29	7.73
兴永中块	28.29	7.49
阳泉无烟煤	32.26	6.85

如图 3-4（a）所示，由于兰炭经过中、低温干馏，各兰炭样品挥发分含量差距较小，仅在 3% 左右，所以挥发分含量对发热量影响较小，在图 3-4（b）中也呈现出挥发分含量与发热量之间的无规律性。影响兰炭发热量大小的主要因素是固定碳含量的差异，一般来说固定碳含量越高，兰炭的发热量越大。

3.2.6 可磨性

实验测得的兰炭样品的哈氏可磨性指数见表 3-7。兰炭样品哈氏可磨性指数与阳泉无烟煤相比仍显较低。其中恒源中块可磨性指数最高，达到 67.05；恒源兰炭粉可磨性指数最低，仅为 54.97；兴永兰炭粉与其相近，为 55.50。其余兰

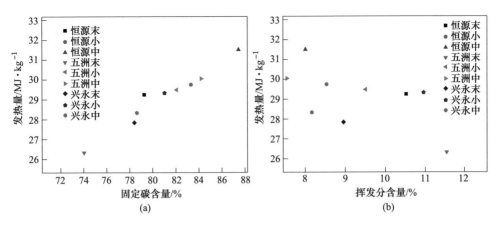

图 3-4 兰炭样品固定碳含量及挥发分含量与发热量的关系

炭样品均在 60 左右，可磨性一般。煤的可磨性受多方面因素影响：硬度、强度、韧性以及解离程度都与之有密切关系，这些性质又受煤的变质程度、煤岩成分、煤质类型以及矿物质分布等特性的影响。而兰炭又是原煤经过中、低温干馏后的半焦产品，生产过程中其硬度较原煤有所提高，内部结构组成也更为复杂，难以从单一方面发现其可磨性规律。

表 3-7 兰炭哈氏可磨性指数

样品名称	可磨性指数	样品名称	可磨性指数
恒源兰炭粉	54.97	五洲中块	62.90
恒源小块	62.20	兴永兰炭粉	55.50
恒源中块	67.05	兴永小块	61.51
五洲兰炭粉	64.98	兴永中块	59.43
五洲小块	58.74	阳泉无烟煤	68.44

如图 3-5 所示为灰分、挥发分、固定碳含量与兰炭可磨性的相关性。从图3-5中可以看出兰炭可磨性与其灰分、挥发分以及固定碳含量都有一定的相关性。从图 3-5（a）可以看出兰炭可磨性随着灰分的提高而降低，这主要是由于灰分中都是矿物质，而矿物质本身的可磨性就比较差；当矿物质含量提高后，兰炭的可磨性也随之变差；从图 3-5（b）可以看出兰炭的可磨性与其挥发分含量呈现负相关性；从图 3-5（c）可以看出兰炭可磨性与固定碳含量呈现正相关性。这可以从以下方面进行解释，在生产兰炭的热解过程中，随着热解进程完全化，兰炭的挥发分含量下降，固定碳含量上升，在这个过程中，兰炭挥发分析出，兰炭颗粒结构遭到严重破坏，碳骨架结构强度因而随之降低。当热解温度提高，兰炭分子侧链断裂，自由基的生成以及再组合使得兰炭碳结构有序化逐渐提高，碳结构强度

又会提高，反而会降低兰炭的可磨性，因此生产用于高炉喷吹用兰炭的热解温度不能过高。

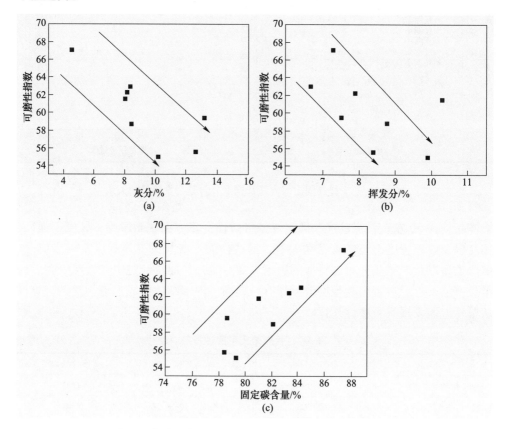

图 3-5　灰分、挥发分、固定碳含量与兰炭可磨性相关性

3.2.7　黏结性

各系列兰炭样品黏结性指数均为 0，从马弗炉内取出的混合物颗粒之间未发生任何结焦的现象。这是由于原煤在中、低温热解过程中，有机物大量析出造成的。无黏结性的兰炭从煤枪喷入风口回旋区的过程中，不会造成因高温结焦导致煤枪及风口阻塞的情况。

3.2.8　着火点与爆炸性

由表 3-8 可以看出，兰炭样品着火点较高，均在 375℃ 以上，与阳泉无烟煤接近。最高为五洲小块，其着火点大于 400℃，但同系列五洲兰炭粉和五洲中块着火点却较低。恒源兰炭着火点整体上最高，均大于 380℃。兴永兰炭和恒源兰炭的着火点有随产品粒级增大而升高的趋势，但变化幅度较小。所有兰炭样品火焰返回长度为0mm，即无爆炸性，生产过程中可以在保证安全的情况下，更多地配入烟煤。

表3-8 兰炭的着火点和爆炸性

名　称	着火点/℃	返回火焰长度/mm
恒源兰炭粉	383.25	0
恒源小块	385.85	0
恒源中块	395.50	0
五洲兰炭粉	378.60	0
五洲小块	>400	0
五洲中块	376.60	0
兴永兰炭粉	377.55	0
兴永小块	383.00	0
兴永中块	386.40	0
阳泉无烟煤	383.00	0

3.2.9 流动性和喷流性

在高炉喷吹工艺中，煤粉的制备、输送、分配、计量以及设备的防磨等方面，无不涉及气固两相流动的问题。煤粉的流动性的好坏对高炉喷吹用煤的储存、输送以及整个喷吹过程都有非常重要的意义，煤粉的流动性包含了流动特性与喷流特性两部分，流动特性主要体现管道运输、堆放等高炉外部煤粉的输送性能，喷吹过程中出现的空枪、堵枪现象也与输送性能有关；煤粉的喷流特性体现煤粉在高炉风口回旋区除了风压、风量外，煤粉喷入高炉后在风口回旋区的弥散性，可以认为，同样的外部条件下，煤粉在风口回旋区弥散度越大，相应的煤粉燃烧率越高，则未燃煤粉减少，相应的煤粉放出的有效热量增高，以煤代焦目的更加明显。

由表3-9、表3-10可以看出，兰炭流动特性指数较好，在58.5~69.5之间，除五洲中块和兴永兰炭粉流动特性指数较低，为58.5外，其余兰炭样品流动特性指数均在60以上，优于阳泉无烟煤，其中恒源兰炭粉最高，达到69.5。兰炭喷流特性指数波动较大，从55.0~78.5不等，不同系列各粒级产品之间也相差较大。流动特性与喷流特性较好的样品，如五洲小块与兴永小块，不但可以满足管道内的燃料的运输要求，而且在喷入高炉后具有较好的弥散度，利于燃烧。而五洲中块与兴永兰炭粉在流动特性与喷流特性两方面相对于其他兰炭样品均显较差，在工业应用过程中可能会对冶炼生产造成影响。

表 3-9 兰炭流动特性指数

名　称	自然坡度角/(°)	压缩率	板勺角/(°)	均匀度	流动性指数
恒源兰炭粉	53.5	25.00	72	4.54	69.5
恒源小块	50.0	20.70	69	4.89	64.5
恒源中块	50.0	25.30	74	5.25	62.5
五洲兰炭粉	45.0	26.00	75	4.90	62.0
五洲小块	42.0	20.90	72	5.06	67.5
五洲中块	50.5	27.20	72	5.13	58.5
兴永兰炭粉	50.5	29.10	68	5.19	58.5
兴永小块	41.5	17.79	82	5.28	63.5
兴永中块	49.0	22.20	69	5.03	62.0
阳泉无烟煤	43.0	31.79	68	4.93	60.0

表 3-10 兰炭喷流特性指数

名　称	流动性指数	振溃角/(°)	差角/(°)	分散度/%	喷流性指数
恒源兰炭粉	69.5	46.0	7.5	20	60.0
恒源小块	64.5	46.0	4.0	31	58.0
恒源中块	62.5	44.5	5.5	37	65.0
五洲兰炭粉	62.0	40.0	5.0	33	62.0
五洲小块	67.5	35.0	7.0	38	74.5
五洲中块	58.5	45.5	5.0	24	55.0
兴永兰炭粉	58.5	44.0	6.5	24	58.3
兴永小块	63.5	30.0	11.5	48	78.5
兴永中块	62.0	42.0	7.0	30	65.5
阳泉无烟煤	60.0	29.0	14.0	16	59.0

3.2.10　燃烧性

实验条件下，兰炭燃烧反应失重曲线变化趋势比较如图 3-6 所示。整体来看，各兰炭样品燃烧失重情况与阳泉无烟煤较为接近，燃烧初期强于阳泉无烟煤，随燃烧反应的推进和燃烧温度的升高，失重速率逐渐低于阳泉无烟煤。兰炭自身失重情况差异较大，恒源兰炭失重速度整体高于其余两种，而兴永兰炭次之，五洲兰炭相对较差。

兰炭样品在特征温度下的燃烧率见表 3-11。

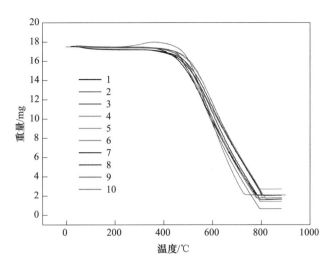

图 3-6   兰炭与阳泉无烟煤样品燃烧失重曲线

表 3-11   兰炭样品在特征温度下的燃烧率

实验编号	煤 种	燃烧率/%		
		500℃	600℃	700℃
1	恒源兰炭粉	17.73	50.36	79.93
2	恒源小块	15.35	46.06	76.93
3	恒源中块	14.58	47.56	77.12
4	五洲兰炭粉	13.47	44.39	74.21
5	五洲小块	8.47	37.25	70.34
6	五洲中块	9.25	36.88	68.44
7	兴永兰炭粉	11.98	40.58	71.52
8	兴永小块	13.81	43.11	75.42
9	兴永中块	12.69	47.20	79.34
10	阳泉无烟煤	7.12	43.41	79.90

图 3-7~图 3-9 所示为 9 种兰炭与阳泉无烟煤特征温度下燃烧率的柱状比较情况。

500℃时，各兰炭样品燃烧率相差较大，恒源兰炭燃烧率最高，在 14.58%~17.73%之间；兴永兰炭燃烧率在 11.98%~13.81%之间；五洲兰炭燃烧率整体最低，在 8.47%~13.47%之间。此时，兰炭燃烧率情况整体高于阳泉无烟煤，一方面由于在生产过程中热解产生的孔隙结构有利于燃烧，另一方面因为兰炭中残留挥发分含量高于阳泉无烟煤，低温下燃烧更快。

600℃时，各兰炭样品的燃烧率差距增大，除部分样品外，整体趋势未发生

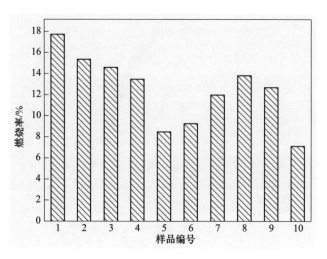

图 3-7　500℃兰炭样品与阳泉无烟煤燃烧率

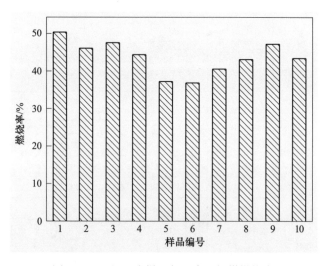

图 3-8　600℃兰炭样品与阳泉无烟煤燃烧率

变化，阳泉无烟煤的燃烧率明显提高。恒源兰炭燃烧率仍高于其他两种兰炭，为46.06%~50.36%；恒源中块燃烧率也从500℃时的第三位上升到第二位，燃烧速率加快。由于兰炭样品中可燃物质含量不同，相同质量样品可燃物质含量越低，燃烧率数值可能越高，但其实际燃烧的质量未必越多，而燃烧物质量较多的恒源中块能够后来居上，说明其燃烧性能更好。整体来看，兴永兰炭的燃烧率仍居第二，且次序也没有发生改变，为40.58%~47.20%。此时，五洲兰炭燃烧率仍然是三种系列兰炭之中最低的，为36.88%~44.39%。

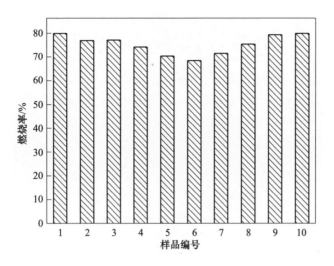

图 3-9 700℃兰炭样品与阳泉无烟煤燃烧率

700℃时，各兰炭样品燃烧率高低次序仍然没有改变，但其燃烧率之间差距却略微减小。可能是由于此时可燃物质已经燃尽 70%~80%，各兰炭样品燃烧速度已经到达极限，并随着燃烧的进行燃烧速度迅速降低，燃烧反应过程接近尾声，尤其是开始阶段燃烧率提高快的样品，速度下降更快。此时，恒源兰炭燃烧率仍然最高，为 74.21%~77.12%；兴永兰炭较为稳定，仍居第二，其燃烧率为 71.52%~79.34%；五洲兰炭燃烧率差距略微变小，在 68.44%~74.21%之间。

整体来看，兰炭燃烧反应性强弱顺序由大到小为：恒源兰炭 >兴永兰炭 >五洲兰炭，与其跟 CO_2 气化反应性的强弱形势相反，燃烧反应性越强，与 CO_2 气化反应性越弱。这与兰炭在中、低温干馏生产过程中组织成分和结构的变化有很大关系。

3.2.11 反应性

实验条件下，兰炭与 CO_2 气化反应失重曲线对比分析如图 3-10 所示。

表 3-12 为各特征温度下兰炭样品与 CO_2 气化反应的失重率。由表 3-12 可知，在实验室条件下，与阳泉无烟煤相比，兰炭样品表现出与 CO_2 很强的反应性，所有样品在 1150℃前能够反应完全，其样品之间反应性能的差异也较大。从整体来看，五洲兰炭与 CO_2 反应性最强。950℃时，五洲兰炭各粒级试样与 CO_2 反应失重率在 9.83%~10.69%之间，此后各温度下的失重率也高于恒源兰炭和兴永兰炭；并且五洲兰炭粉、小块、中块分别在 1093℃、1049℃和 1100℃反应完全，整体上也比恒源、兴永兰炭的反应完全温度要低。而兴永兰炭与 CO_2 的反应性则略强于恒源兰炭。虽然在较低温度下兴永兰炭的失重率低于恒源兰炭，但其反应

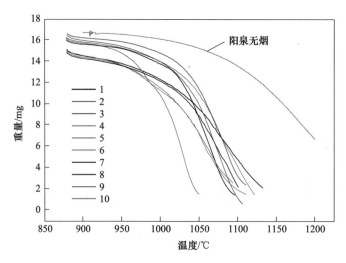

图 3-10　兰炭和阳泉无烟煤与 CO_2 反应性失重曲线

完的终点温度要比恒源兰炭低，按粒级由小到大顺序分别为 1100℃、1096℃ 和
1110℃，而恒源兰炭反应完全的终点温度按照粒级由小到大顺序则为 1132℃、
1121℃ 和 1103℃。

表 3-12　兰炭和阳泉无烟煤与 CO_2 反应失重率

编 号	名　称	失重率/%					
		950℃	1000℃	1050℃	1100℃	1150℃	1200℃
1	恒源兰炭粉	10.06	21.72	43.21	79.99	100	—
2	恒源小块	6.57	15.34	36.28	82.59	100	—
3	恒源中块	6.88	16.12	42.15	98.04	100	—
4	五洲兰炭粉	11.83	28.97	63.68	100	—	—
5	五洲小块	9.83	37.05	100	—	—	—
6	五洲中块	10.69	27.90	59.06	96.93	100	—
7	兴永兰炭粉	10.12	21.63	47.82	100	—	—
8	兴永小块	5.60	15.62	51.22	100	—	—
9	兴永中块	5.43	13.06	37.33	94.58	100	—
10	阳泉无烟煤	1.26	4.13	10.00	21.16	40.73	67.54

　　兰炭与 CO_2 较强的气化反应性，使其在炉身的中上部能够有力地保护焦炭，
减少焦炭与 CO_2 气化反应，从而相对提高焦炭在高炉的热态强度，增强焦炭的骨
架作用，因而可以减少焦炭的使用量，用更多的煤粉替代焦炭在高炉作为燃料及
还原剂的作用，另外兰炭气化性能优良还可以减少风口前不完全燃烧率，提高其

在高炉内的利用率，并减少未燃煤粉给高炉透气性恶化的影响，有利于高炉顺行，降低燃耗。

3.3　兰炭与喷吹煤混合燃烧特征及机理

3.3.1　实验样品与方法

实验烟煤取自钢铁厂喷吹用烟煤 M，兰炭 XJ 取自某煤化工产业有限公司。将两种燃料在 40℃的烘干箱中干燥 3h 制得空气干燥基煤样，破碎筛分，取 0.074~0.063mm 的煤粉作为实验样品，工业分析和元素分析结果见表 3-13，灰成分分析结果见表 3-14。

表 3-13　煤样的工业分析和元素分析　　　　　　（%）

煤样	工业分析				元素分析				
	M_{ad}	A_{ad}	V_{ad}	FC_{ad}	C	H	O	N	S
烟煤 M	14.01	3.39	23.08	59.52	64.10	3.98	11.71	0.58	0.56
兰炭 XJ	2.16	17.73	6.28	73.83	76.94	0.73	1.66	0.66	0.48

表 3-14　煤灰成分化验分析　　　　　　（%）

煤种	CaO	SiO_2	Al_2O_3	MgO	Fe_2O_3	SO_3	TiO_2	NaO_2	K_2O	MnO	P_2O_5
烟煤 M	52.71	6.06	3.84	6.23	6.49	16.79	0.21	4.96	0.29	0.15	0.06
兰炭 XJ	21.12	34.81	13.2	4.48	12.43	7.64	0.93	2.76	1.33	0.36	0.54

混合样品按照烟煤 M 配入比为 20%、40%、60%、80% 进行混合搭配。煤粉的混合方式为干混碾磨 10min。对参比煤粉也按照上述过程进行处理，保证不同煤样具有相同物性。

采用德国耐驰公司综合热分析仪公司生产的 STA409PC 型综合热分析仪进行燃烧实验。反应器直径为 60mm，反应气氛为空气，刚玉坩埚内径为 6mm。取 3.5mg 样品均匀平铺于坩埚内，初始温度为室温，以 15℃/min 的升温速率升至 900℃，气体流量为 100mL/min。

3.3.2　兰炭和烟煤单独燃烧 TG/DTG 曲线分析

图 3-11 所示为兰炭 XJ 和烟煤 M 在升温速率 15℃/min 条件下单独燃烧的 TG 和 DTG 曲线。兰炭 XJ 与烟煤 M 在加热过程中 TG 和 DTG 曲线形状相差较大，表明两者的燃烧过程有所不同。一般煤焦燃烧从室温加热升到设定温度都要经过水分蒸发、碳氢化合物以挥发分的形式逐渐析出并着火点燃固定碳，或是固定碳与挥发分同时着火。从曲线上看，煤粉燃烧各个阶段是交叉进行的，没有明显的分

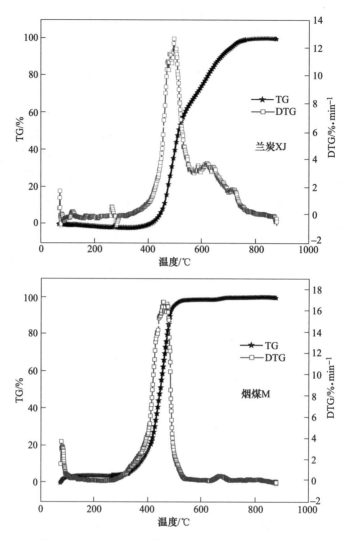

图 3-11 兰炭 XJ 和烟煤 M 单独燃烧的 TG/DTG 曲线

界线。兰炭 XJ 与烟煤 M 唯一不同的是，烟煤 M 燃烧阶段的 DTG 曲线是一个单独的大峰，而兰炭 XJ 的 DTG 曲线在 600~700℃ 高温段有一个小的峰尖，表明在高温段兰炭 XJ 有一个慢速燃烧的过程。

对比 DTG 曲线形状可以得到，烟煤 M 的 DTG 曲线峰型比兰炭 XJ 的 DTG 曲线峰型尖且窄。这说明烟煤 M 较兰炭 XJ 在更短的时间内完成了剧烈燃烧阶段。同时兰炭 XJ 曲线的最终拐点温度要晚于烟煤 M 的拐点温度，说明烟煤 M 的燃烧过程结束温度要低于所用兰炭 XJ 燃烧结束温度。从这一方面来看，烟煤 M 的燃烧性要优于所用的兰炭 XJ 燃烧性。

3.3.3　兰炭与烟煤不同比例混合燃烧 TG/DTG 曲线分析

图 3-12 所示为烟煤 M 添加比例为 20%、40%、60%、80% 的混煤，100% 兰炭 XJ 和 100% 烟煤 M 时的 TG 和 DTG 曲线。配加不同比例的烟煤 M 后，混煤的 TG 曲线形状介于烟煤 M 曲线和兰炭 XJ 之间，表明不同混煤的燃烧过程有一个渐变的规律。随着烟煤 M 配比的增加，混煤 TG 曲线逐渐向左移动，斜率不断变陡，并逐渐向 100% 烟煤 M 的 TG 曲线靠拢。除此之外，随着烟煤 M 配比量的增加，混煤 TG 曲线的第二拐点逐渐向左上方移动，最后消失。这表明随着烟煤 M 配比量的增加，混煤第二阶段的慢速燃烧过程逐渐消失。

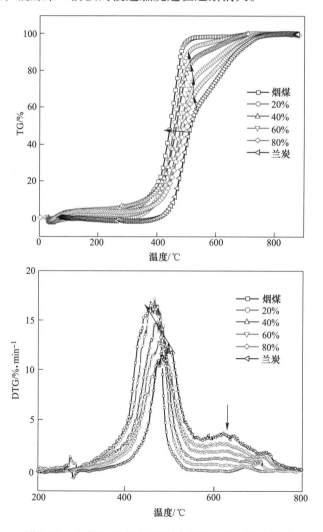

图 3-12　兰炭 XJ 和烟煤 M 混合燃烧的 TG/DTG 曲线

在不同烟煤 M 配比量条件下，混煤的 DTG 曲线峰均表现出大的单峰型和一个小峰。随着烟煤 M 配比量的增加，混煤 DTG 曲线逐渐向左移动，大峰峰型逐渐变窄；同时，随着烟煤 M 配比量的增加；小峰逐渐变平坦，最后消失。从图 3-12 中可以定性分析得到，随着烟煤 M 配比量的增加，混煤的燃烧性逐渐变好，且燃烧效果逐渐与 100% 烟煤 M 靠近。这表明烟煤 M 与兰炭 MJ 混合燃烧后，燃烧效果较兰炭 MJ 单独燃烧具有较大的改善。

3.3.4　燃烧特性指数分析

为了定量描述煤粉燃烧特性，众多学者基于煤粉燃烧过程提出了许多燃烧特性参数，包括着火温度、可燃指数、稳燃指数和综合燃烧特性指数等。本节在研究不同兰炭配比条件下混煤的燃烧特性时，采用常用的着火温度（ T_i ,℃）、燃尽温度（ T_f ,℃）、可燃指数（ C ,%/(min · ℃^{2})）、综合燃烧特性指数（ S_N ,%^{2}/(min^2 · ℃^{3})）来进行定量评价。

本节采用常用的 TG-DTG 法确定着火温度[3]。采用可燃指数 C 表示混合煤燃烧前期的反应能力。C 值越大，表示煤样在前期的燃烧性越好。

$$C = W_{mean}/T_i^2$$

式中，W_{mean} 为平均燃烧速率，%/min。

采用综合燃烧特性指数 S_N 评价煤样的综合燃烧特性。综合燃烧特性指数 S_N 表征煤的综合燃烧性能，S_N 值越大，煤的燃烧特性越佳。

$$S_N = \frac{W_{max} W_{mean}}{T_i^2 T_f}$$

式中　　W_{max}——最大燃烧速率，%/min；

　　　　W_{mean}——平均燃烧速率，%/min；

　　　　T_i——燃尽温度，℃；

　　　　T_f——着火温度，℃。

表 3-15 为计算的单煤及混煤的燃烧特性参数。从表 3-15 中可以看出，随着烟煤 M 配入比例的增加，混煤开始着火温度逐渐降低，由 419℃ 降低到 412℃；混煤燃尽温度逐渐降低，由 752℃ 降低到 697℃。这一变化规律与从 TG 和 DTG 曲线上定性分析得到的结论一致。由于烟煤 M 中含有较高的挥发分和水分，挥发分和水分受热逸出，形成良好的气体传输通道，有助于着火燃烧。兰炭 XJ 挥发分较低，同时含有较高的灰分，因此随着兰炭 M 比例的增加，混合煤中的灰分含量增大，对燃烧后期起到阻碍作用，混煤燃尽温度逐渐升高。

从可燃指数 C 和综合燃烧特性指数 S_N 来看，随着烟煤 M 配入比例的增加，两者均逐渐变大。说明随着烟煤 M 煤比例的增加，混煤的燃烧效果逐渐变好。对可燃指数与烟煤 M 配比作图，如图 3-13 所示，可以得到混煤的可燃性与烟煤 M

表 3-15 混煤燃烧的特性参数

样 品	T_i	T_f	T_{max}	W_{max}	W_{mean}	C /%·(min·℃²)⁻¹	S_N /%²·(min²·℃³)⁻¹
兰炭 XJ100%	438	764	496	12.47	4.23	2.20×10^{-5}	3.59×10^{-7}
烟煤 M 20%	419	752	478	11.48	3.93	2.24×10^{-5}	3.42×10^{-7}
烟煤 M 40%	414	727	473	12.89	3.95	2.30×10^{-5}	4.08×10^{-7}
烟煤 M 60%	413	693	469	14.8	4.15	2.43×10^{-5}	5.19×10^{-7}
烟煤 M 80%	412	697	465	17.14	4.11	2.42×10^{-5}	5.95×10^{-7}
烟煤 M 100%	398	673	456	16.85	3.98	2.51×10^{-5}	6.29×10^{-7}

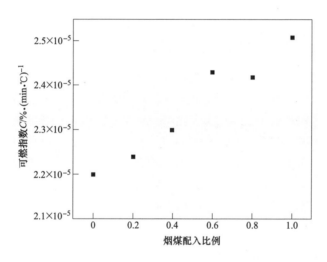

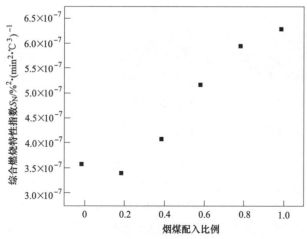

图 3-13 兰炭 XJ 与烟煤 M 混燃的特征参数（C、S_N）

的配比呈现一定的线性关系。说明混煤的可燃性主要取决于烟煤 M 的可燃性及配比量，烟煤 M 的配入有助提高兰炭 XJ 的初始燃烧效果。从综合燃烧特性指数与烟煤 M 配比量之间的关系可以看出，当烟煤 M 配比量超过 20% 后，煤粉燃烧的综合燃烧特性几乎也与烟煤配比量成线性关系。这一结果表明，当烟煤 M 配比量小于 20% 时，混合煤的综合燃烧效果由兰炭 XJ 的燃烧性决定，当烟煤 M 配比量大于 20% 时，混煤的综合燃烧效果由烟煤 M 的燃烧性决定。这一结论对于指导兰炭用于高炉喷吹具有重要意义。

3.3.5 燃烧特性影响因素机理分析

3.3.5.1 成分分析

从工业分析的角度来分析，本次研究采用的烟煤 M 的显著特点是含水量和挥发分含量较高，兰炭 XJ 的显著特点是灰分含量高，如图 3-14 所示。烟煤 M 在燃烧过程中，灰分的挥发和挥发分的逸出都使煤形成较多的气孔结构，加速其燃烧。煤粉中灰分一方面可形成煤焦炭质燃烧的物理阻碍，另一方面灰分对煤焦燃烧能起到催化作用。研究认为，煤焦中 K_2O、Na_2O、CaO、MgO 和 Fe_2O_3 的催化作用可以提高其燃烧气化性能，SiO_2 和 Al_2O_3 的存在会对煤焦的燃烧气化过程起到抑制作用。为了确定本节两种燃料灰分中矿物质对其燃烧过程的催化作用，引入了催化指数（A）的概念[4,5]。催化指数值计算公式如下所示：

$$A = W_A \times \frac{W_{Fe_3O_4} + W_{CaO} + W_{MgO} + W_{Na_2O} + W_{K_2O}}{W_{SiO_2} + W_{Al_2O_3}}$$

式中，W_A 为煤种灰分含量，%；$W_{Fe_3O_4}$、W_{CaO}、W_{MgO}、W_{Na_2O}、W_{K_2O}、W_{SiO_2}、$W_{Al_2O_3}$ 分别为灰分中 Fe_3O_4、CaO、MgO、Na_2O、K_2O、SiO_2 和 Al_2O_3 成分的百分含量，%。

两种燃料灰分催化指数计算结果图 3-15 所示，计算结果显示兰炭 XJ 的催化指数为 15.6，而烟煤 M 的催化指数为 24.2。表明烟煤 M 灰分催化效果要远大于兰炭 XJ，同时烟煤 M 灰分含量远小于兰炭 XJ，对燃烧过程的物理阻碍作用要小很多，因此烟煤 M 灰分对其助燃效果更较明显。

3.3.5.2 微观结构分析

煤粉的燃烧性与其自身形貌结构有很大的关系。图 3-16（a）所示为兰炭 XJ 在扫描电镜下的形貌，图 3-16（b）所示为烟煤 M 在扫描电镜下的形貌。兰炭 XJ 呈石头状，没有明显的孔隙，而烟煤 M 则呈现出薄片状和沟槽状。烟煤 M 的形貌特征更有助于燃烧过程的氧煤接触和气体产物的析出，燃烧过程动力学条件更为优越，这是造成烟煤 M 燃烧性要好于兰炭 XJ 的重要因素之一。

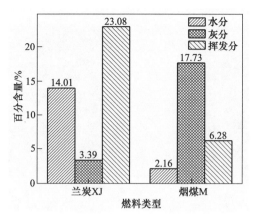

图 3-14 兰炭 XJ 和烟煤 M 的成分对比

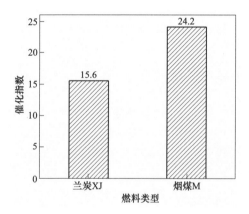

图 3-15 兰炭 XJ 和烟煤 M 的催化指数对比

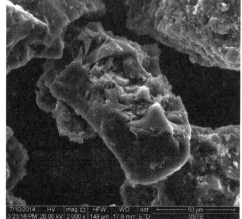

(a)

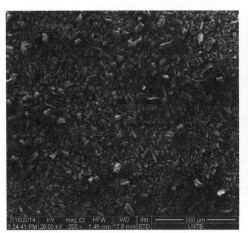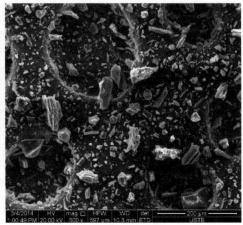

(b)

图 3-16　兰炭 XJ 的形貌特征（a）及烟煤 M 的形貌特征（b）

3.3.5.3　化学结构分析

　　煤的主要结构由碳素骨架构成，其外围是各类烷基侧链和含氧官能团支链。其中碳素骨架在低温下的化学性质较为稳定，而侧链和支链的基团性质较为活泼。在燃烧过程中侧链和支链上的基团易于参与化学反应，主要是煤中活性官能团的氧化和挥发分的析出。—OH 是煤中活性最强的有机官能团，—OH 的氧化反应对煤的分子结构有较大的破坏作用，可使煤中的大分子链发生断裂，使碳链骨架分解成较小的有机分子，因此其反应过程对煤粉燃烧性能的影响较大。同时相关研究也表明，煤中—CH_3、—CH_2 等官能团的反应活性也较强，这些官能团在低温下便可被氧化。

　　红外光谱法是有机物定性、定量分析应用较为广泛的方法。借助红外光谱可以对单煤中的组成和包含的官能团进行定性分析和鉴定。目前，红外光谱的定性和定量分析大多通过吸光度进行。

　　从图 3-17 可以看出烟煤 M 在 $3400cm^{-1}$、$2920cm^{-1}$、$1243cm^{-1}$ 波数的羟基（—OH）、脂肪侧链（—CH_3）、醚键（—O—）等峰位都较兰炭 XJ 高，表明烟煤 M 的活性较高的脂肪侧链和含氧官能团含量较兰炭 XJ 的多，因此导致烟煤 M 的燃烧性能好于兰炭 XJ。兰炭 XJ 活性基团含量少的主要原因是兰炭经过低温干馏处理，部分活泼小分子基团已断裂逸出。另外，从图 3-17 中还可以看出，兰炭 XJ 在 $1030cm^{-1}$ 处存在很强尖峰，此峰为灰分含量峰，表征兰炭中灰分含量很高，这一结果与工业分析一致。

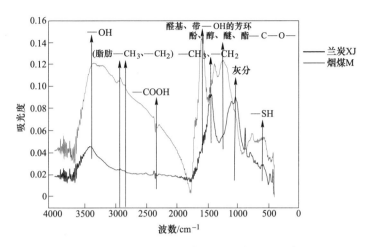

图 3-17　兰炭 XJ 和烟煤 M 的红外吸收光谱

3.4　兰炭配加对混合煤冶金性能的影响

3.4.1　兰炭配加对混合煤喷吹安全性能的影响

采用前述单种煤粉着火点、爆炸性以及着火点的测定方法，利用着火点测定装置及长管式煤粉爆炸性测定设备测定兰炭与烟煤混合后的着火点及爆炸性，利用微电脑自动量热计测定其发热值，测定结果见表 3-16。

表 3-16　兰炭与烟煤的混煤着火点、爆炸性及低位发热值

编号	试验方案	着火点/℃	爆炸性/mm	低位发热量/J·g^{-1}
1	90%烟煤+10%兰炭	311.45	320.5	23720.18
2	80%烟煤+20%兰炭	344.93	310	24091.98
3	70%烟煤+30%兰炭	347.73	256	24547.28
4	60%烟煤+40%兰炭	368.20	197	24961.97
5	50%烟煤+50%兰炭	376.00	96.5	25374.38

混煤着火点变化的总体趋势是随着混煤中烟煤含量的减少，着火点逐渐增高。根据已经得到的单煤工艺性能，烟煤的着火点要明显低于兰炭，二者按比例混合后得到的 5 种混煤着火点基本上在两种单煤各自着火点之间，这与混煤挥发分介于两种单煤之间是一致的。

混煤的爆炸性变化的总体趋势是随着烟煤含量的减少，爆炸性明显降低，且烟煤比例大于70%时，混煤的爆炸性高于任何一种单煤，但都在安全范围内（回火长度小于400mm），说明混煤方案都满足安全要求。

混煤热值的总体变化趋势是，随着混煤中烟煤含量增加，混煤的发热值降低，且混煤发热值介于两种单煤之间，在5000~6000大卡之间，发热值较低。

3.4.2　兰炭配加对混合煤气化反应性的影响

以下根据配煤方案利用差热分析法，通过测定5种混煤在1000℃、1050℃以及1100℃的失重率来表征其反应性能，测定结果见表3-17。

表3-17　兰炭与烟煤的混煤反应性　　　　　（%）

编号	试验方案	1000℃	1050℃	1100℃
1	50%烟煤+50%兰炭	87.09	90.75	92.664
2	60%烟煤+40%兰炭	87.82	95.65	98.47
3	70%烟煤+30%兰炭	93.66	98.47	99.81
4	80%烟煤+20%兰炭	94.73	99.24	99.90
5	90%烟煤+10%兰炭	96.68	99.86	99.95

根据测定结果做出5种混煤在CO_2气氛中，分别加热到1000℃、1050℃、1100℃三个温度点的反应性关系曲线以及在各个温度点燃烧率的柱状图，如图3-18~图3-21所示。

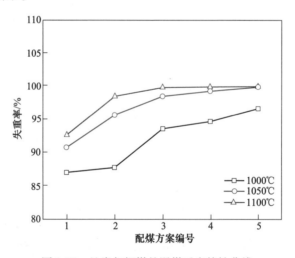

图3-18　兰炭与烟煤的混煤反应特性曲线

由图中可以看出，在实验的3个温度条件下，混煤的失重率都在80%以上，反应特性较好，相同配比情况下，随温度升高，混煤的反应性提高；相对较高温度下，反应性提高缓慢。相同温度条件下，随混煤中烟煤比例增加，混煤的反应性提高，其中在1100℃，烟煤比例由50%增加到60%时，反应性提高幅度较大；由60%增加到90%的过程中，反应性基本不变。在1050℃及1000℃时，烟煤比

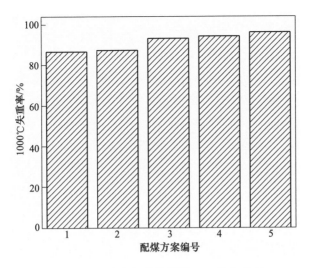

图 3-19　兰炭与烟煤的混煤 1000℃失重率

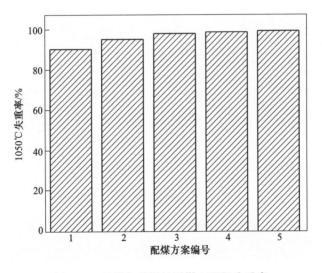

图 3-20　兰炭与烟煤的混煤 1050℃失重率

例由 50%增加到 70%的过程中，反应性提高幅度较大；由 70%增加到 90%的过程中反应性变化较小。综合以上分析，混煤中烟煤比例在 80%以上时反应性较好。

在基于混煤原则的 5 种混煤方案中，混煤中烟煤比例为 80%或者 90%的混煤方案，混煤的爆炸性均在安全范围内，着火点也较低，更重要的是，这两种混煤的燃烧性、反应性在全部混煤方案中更好，即选择这两种混煤方案时，在相同风口参数条件下，其利用效率更高。混煤中烟煤比例 80%和 90%时，其挥发分分别

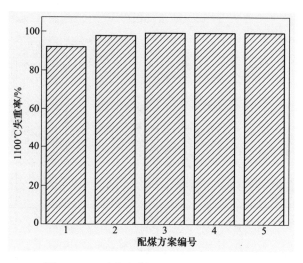

图 3-21　兰炭与烟煤的混煤 1100℃失重率

为 19.72% 和 21.40%，所以混煤的挥发分含量在 20% 左右时可以灵活控制混煤中烟煤比例，以适应生产要求。

3.5　兰炭可磨性调控与喷吹粒度优化

3.5.1　兰炭可磨性调控技术

　　兰炭是原煤经过中、低温干馏后的半焦产品，生产过程中其硬度较原煤有所提高，内部结构组成也更为复杂，研究结果发现兰炭的可磨性指数与原煤性能和低温干馏环境有关。原煤黏结性越好，可磨性越低；炭化温度越高，可磨性越低。兰炭可磨性与其灰分、挥发分以及固定碳含量都有一定的相关性。从图 3-22（a）

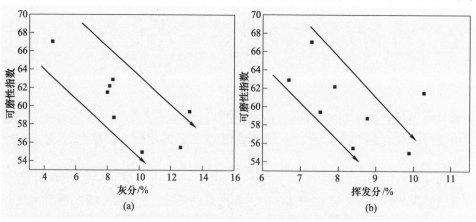

图 3-22　灰分、挥发分与兰炭可磨性相关性

可以看出兰炭可磨性随着灰分的提高而降低,这主要是由于灰分中都是矿物质,而矿物质本身的可磨性就比较差,当矿物质含量提高后,兰炭的可磨性也随之变差。从图 3-22 (b) 可以看出兰炭的可磨性与其挥发分含量呈现负相关性。在生产兰炭的热解过程中,随着热解进程完全化,兰炭的挥发分含量下降,固定碳含量上升,在这个过程中,兰炭挥发分析出,兰炭颗粒结构遭到严重破坏,其碳骨架结构强度因而随之降低。然而当热解温度提高,兰炭分子侧链断裂,自由基的生成以及再组合使得兰炭碳结构有序化逐渐提高,碳结构强度又会提高,降低兰炭的可磨性。图 3-23 所示为兰炭的可磨性与其原煤干馏温度的关系,随着干馏热解温度的增加,兰炭的可磨性降低。因此,为了保证兰炭在喷吹过程中良好的可磨性,一般选择黏结性较低的原煤和较低的干馏热解温度进行生产。

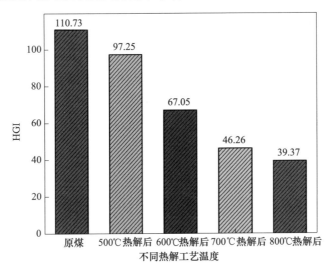

图 3-23　不同干馏温度兰炭可磨性

3.5.2　兰炭与喷吹煤混合粒度优化

近些年,国内外各炼铁厂通过提高煤比的实验,发现放宽煤粉粒度可以节能降耗,降低煤粉制造成本,并增加制粉能力。但是煤粉粒度过大会影响煤粉的燃烧性,造成高炉回旋区未燃煤粉增多,影响高炉下部透气性。全国各钢铁企业根据各自高炉喷吹煤粉性质,一般要求煤粉的粒度组成为 $-75\mu m$($75\mu m = 200$ 目,下同)的比例不小于 70%,最好到达 80% 以上,现将阿勒泰烟煤和兰炭单煤的挥发分相互搭配制得挥发分为 20% 的混煤,并进行不同粒度组成的燃烧性实验,将烟煤和兰炭均制成 $-75\mu m$ 和 $75\sim150\mu m$($150\mu m = 100$ 目,下同)两种粒度,然后将同粒级的两种煤粉按比例混合,得到两种挥发分含量均为 20%,但粒度分别为 $-75\mu m$ 和 $75\sim150\mu m$ 的混煤,最后将两种混煤按不同比例混合,得到

−75μm煤粉比例从0%变化到100%时的7种实验方案。具体方案见表3-18。

表3-18　混煤实验方案　　　（%）

编　号	−75μm 比例	75~150μm 比例
1	100	0
2	90	10
3	80	20
4	70	30
5	60	40
6	50	50
7	0	100

根据上述混煤方案进行燃烧性实验，得到不同粒度组成的混煤的 TG 曲线，如图 3-24 所示。

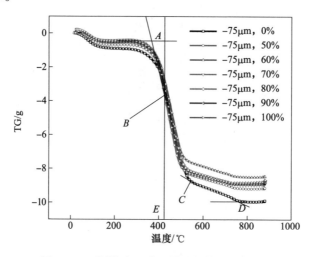

图 3-24　不同粒度组成混煤的燃烧性 TG 曲线

DTG 曲线的峰顶对应的温度即是失重速率最大时的温度，在图 3-24 中，在横坐标上找到某种方案的最大失重速率对应的温度点 E，过 E 点做垂直于横坐标轴的直线，与 TG 曲线相交于 B 点，B 点即是失重速率最大点；过点 B 做切线，与实验开始时水平曲线相交于 A 点，A 点对应的温度即作为煤粉燃烧的开始温度，称为着火温度；煤粉不再失重时的拐点温度，即 D 点的温度作为煤粉燃尽的标志，该点温度将为燃尽温度；C 点是挥发分燃烧与固定碳燃烧的大致分界点，可以明显看到，C 点前后煤粉的燃烧速率变化很大。

由 TG 曲线可以看出，整体上看，不同粒度配比的混煤的 TG 曲线形状相似，即粒度配比对燃烧性影响较小，但各曲线的拐点位置、斜率及失重量等均略有不同，混煤中粒度较小的煤粉比例较大时，如 -200 目煤粉比例占 90% 及 100% 时，煤粉的失重开始温度、燃尽温度及失重最大时对应的温度均较低。

不同粒度配比的混煤在 400℃、500℃、600℃ 及 700℃ 对应的燃烧率曲线如图 3-25 所示。由图 3-25 及图 3-26 可以得出，在较低温度或较高温度下混煤的粒

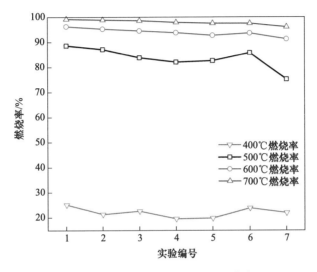

图 3-25 粒度配比对燃烧性影响曲线

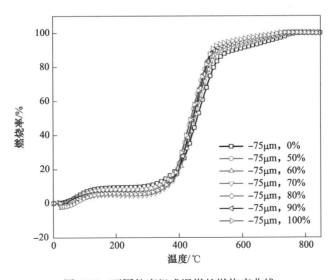

图 3-26 不同粒度组成混煤的燃烧率曲线

度越细，燃烧性越好；但在较高温度下，如在600℃和700℃下，不同粒度配比的混煤之间燃烧率差距较小，相同粒度配比的混煤在较高温度下燃烧性更好，尤其是温度由400℃提高到500℃过程中，燃烧率大幅提高。

图3-27所示为粒度配比不同的情况下混煤的DTG曲线。从图中可以看出，总体来说混煤的粒度越细，在燃烧过程中燃烧速率最大时对应的温度越低，说明其燃烧性越好；$-75\mu m$的煤粉比例由0%变化为100%的过程中，该温度降低近30℃，且从DTG曲线峰的上下位置来看，$-75\mu m$煤粉占的比例较高时最大失重速率更大，说明其燃烧的效果更好。

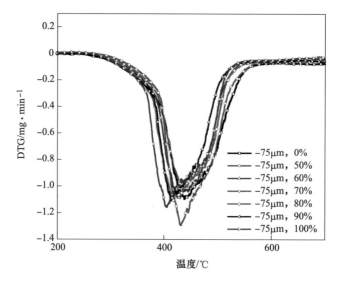

图3-27　不同粒度配比的混煤DTG曲线

图3-28所示为综合不同粒度配比的TG和DTG曲线得到的不同粒度所占比例不同时对应的着火温度、拐点温度、燃尽温度及DTG曲线对应的峰值温度。

由图3-28可以看出，在所有7种不同粒度配比情况下，粒度配比对煤粉的着火温度影响最小，对燃尽温度影响最大，对拐点温度及DTG曲线峰值即失重速率最大对应的温度影响介于以上两者之间。这可能是因为，从煤岩学角度讲，煤粉主要分为镜质组、惰质组及壳质组，三者中镜质组性脆、易碎，磨煤过程中非常容易破坏镜质组，所以粒度小的煤粉中含有的镜质组含量相对更多，而镜质组的燃烧性更好，所以$-75\mu m$的煤粉比例增加时，混煤的燃烧特性更好；从物理学角度讲，煤粉的粒度较小时，其比表面积相对更大，这样与氧化性气体接触的机会更大，传热及传质条件更好，燃烧也就更充分；由于7种方案中$-75\mu m$的煤粉比例相差不是很大，且考虑到实验用煤粉的量很小（10mg），混合时均匀性较差，可能导致7种实验方案得出的结果相差不是很大，但整体上的趋势是混

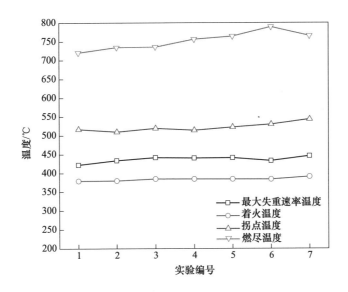

图 3-28　粒度配比变化对应的粉煤燃烧特性

煤中−75μm 所占比例越大，混煤的燃烧性越好。

3.6　兰炭与煤粉混合喷吹技术与工业应用

3.6.1　新兴铸管钢铁有限公司高炉喷煤现状

兰炭与煤粉混合喷吹的工业试验在新兴铸管钢铁有限公司开展。新兴铸管钢铁有限公司作为国有大型钢铁企业，具有国内较为先进的技术水平和完善的装备水平。二炼铁有 580m³ 和 420m³ 两座高炉，高品质铸管生产线 3 条，设备完善，部分工艺达到国内先进水平。

（1）喷吹用煤情况。新兴铸管二炼铁高炉采用无烟煤喷吹方式，仅喷吹潞安无烟煤一种煤粉，喷吹结构较为单一。目前在富氧率 3%，风温维持在 1190℃ 的条件下，高炉喷煤比保持在 150kg/t 左右，高炉顺行稳定。

（2）制粉系统情况。新兴铸管二炼铁制粉车间有两台中速磨煤机，其中一台因故障已经停用，目前 1 号和 3 号高炉喷吹煤粉全部由另一台型号为 E-1915 的中速磨提供。其制粉能力在 50t/h 左右，基准期和试验期 1 号和 3 号高炉的小时喷煤量分别在 11t/h 和 13t/h 左右，磨煤机制粉能力能够满足喷吹要求。

新兴铸管目前使用的磨煤机入口温度为 280~290℃，磨机出口温度为 75℃ 左右，布袋收粉器入口温度为小于 80℃，出口温度为 70℃ 左右，煤粉仓温度为 60℃ 左右；磨机系统氧含量控制在 8% 以下，布袋收粉器的氧含量小于 6%，各安全参数均控制在合理范围内。

（3）喷吹系统情况。新兴铸管喷吹系统属于串罐直接喷吹结构，包括煤粉仓、仓下分配煤粉装置、喷吹罐、储气罐、蒸汽加热罐、分汽包、喷吹管线、阀门、补气器、煤粉分配器、缩颈喷嘴、测堵装置、煤粉喷枪等。采用一个高炉配置两个喷吹罐的直接喷吹。喷吹罐储量约为 22t，喷吹罐内气体为 N_2，载气为压缩空气。

3.6.2　工业试验方案确定

3.6.2.1　工业试验方案

根据现场情况，将喷吹兰炭工业试验前高炉原燃料条件及操作较为稳定的一段时间作为基准期，在统计中对基准期中出现炉况波动不顺时的生产数据予以忽略，不列入记录范围。

根据工业试验方案开展试验，试验期间密切关注制粉系统运行是否正常及高炉炉况是否顺行，根据实际情况及时调整操作及工业试验的各项安排。在安全、有序的前提下完成试验方案中所有配煤方案。试验期拟分三个阶段进行，具体试验安排如下：

阶段一：配煤结构为 10%兰炭+90%潞安无烟煤；

阶段二：配煤结构为 20%兰炭+80%潞安无烟煤；

阶段三：配煤结构为 25%兰炭+75%潞安无烟煤。

3.6.2.2　工业试验保障

为保证工业试验顺利进行，工业试验开始前，针对新兴铸管二炼铁原燃料管理、现场操作参数控制及制粉输送系统的安全控制进行了全面分析，并结合现场的实际情况，提出了相关改进方案。

（1）加强安全管理。严格监控制粉系统和输送系统监测点的温度和氧含量变化情况，检查紧急冲氮设备的可靠性，保证兰炭喷吹期间设备处于安全状态。建立具体的系统温度控制标准：磨煤机入口温度小于 280℃，磨机出口温度在 70~100℃，布袋温度小于 95℃，煤仓温度小于 85℃。

系统氧含量标准为：热风炉废气氧含量小于 3%，磨煤机入口氧含量小于 6%，磨煤机出口氧含量小于 6%，布袋箱体出口氧含量小于 8%，成品煤仓氧含量小于 8%。

（2）加强原燃料质量稳定。工业试验期间，尽量保证兰炭货源稳定，直接与生产单位联系采购，保证兰炭质量稳定。加强潞安无烟煤、焦炭和高炉其他原料（烧结矿、球团、块矿等）的质量管理，保证入炉原燃料质量稳定，进而稳定高炉生产。工业试验期间需保证高炉热制度、造渣制度以及出渣出铁制度正常调剂，以保持炉况稳定顺行。

（3）加强燃料堆放管理。加强料场的管理，将入厂的潞安煤和兰炭分开堆放，避免料场燃料混合影响取料的准确性。充分利用新兴铸管的制粉车间的有两个储煤仓，试验期间分别用于储存兰炭和无烟煤，保证兰炭与无烟煤单独下料。对配煤皮带称量进行校正，保证皮带秤的精确。通过加强到厂燃料的堆放管理和设备维护，保证兰炭配入比例的可控性和精确性。

3.6.3 高炉生产过程对比分析

3.6.3.1 喷吹混煤对比分析

工业试验之前，新兴铸管单独喷吹潞安无烟煤，煤比维持在152kg/t左右，焦比为404kg/t（包括焦丁）左右，燃料比为556kg/t左右，炉况稳定顺行。神木兰炭作为一种成分接近无烟煤的煤化工产品，其燃烧性及反应性要优于一般无烟煤。此次工业试验的目的在于将潞安无烟煤与兰炭混合喷吹，在维持炉况顺行的情况下降低生产成本。试验期间需保证喷吹煤粉的质量稳定，表3-19为各阶段喷吹煤粉的主要成分均值。

表3-19 不同阶段喷吹煤粉成分 （%）

项　目	水分	灰分	挥发分	S	$-75\mu m$ 比例
基准期	1.28	10.39	12.31	0.38	74.27
阶段一	1.23	10.83	12.30	0.35	73.55
阶段二	1.36	11.13	12.56	0.35	74.56
阶段三	1.32	11.14	12.78	0.34	74.45
焦炭	5.64	12.88	1.03	0.76	1.03

由表3-19可以看出，与单独喷吹潞安无烟煤相比，配加10%、20%及25%的兰炭后混煤的水分、灰分、挥发分都随之升高，这与前面理论分析的一致。工业试验的配煤原则为保证混煤水分在1.5%以内，混煤灰分低于12%。从混煤的成分来看，兰炭配加25%后，混合煤的成分指标仍在控制范围内。另外，由于兰炭中含有较低的硫含量，因此混煤硫含量随着兰炭配比量的增加而逐渐降低，对于降低脱硫耗热较为有利。

基准期和实验期间各阶段煤粉灰分、硫含量的波动情况如图3-29所示。

由图3-29可以看出，与基准期相比，试验期各阶段混煤的硫含量波动较为明显，尤其是阶段一波动最为明显，但整体上呈下降趋势；阶段一与基准期相比混煤的灰分含量有所上升，但上升幅度较小，阶段二、阶段三与阶段一后期混煤的灰分含量基本相同。总的来说，试验期各阶段较基准期的混煤灰分含量稍有上升，但升高幅度不大，且均在12%以下，能够满足高炉生产要求。

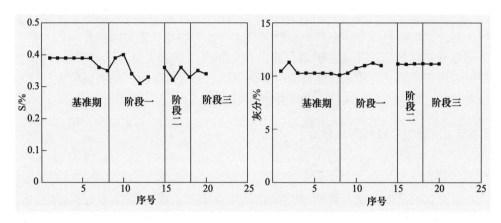

图 3-29　基准期和试验期混煤波动情况

3.6.3.2　高炉操作指标对比分析

喷吹兰炭的工业试验目的在于降低燃料成本，但高炉的稳定顺行是最根本的前提，如果喷吹兰炭后高炉炉况不顺，或者喷吹一定比例的兰炭后高炉顺行出现问题，则降低燃料成本就无从说起。因此，有必要对喷吹不同比例兰炭后高炉的反应进行观察、调整以确保在高炉稳定顺行的前提下实现降低喷吹燃料成本的目的。表 3-20 是基准期和试验期各阶段高炉主要操作参数的平均值，图 3-30 所示为各参数逐日变化情况。

表 3-20　基准期和试验期各阶段 3 号高炉操作参数变化

项目	利用系数 /t·(m³·d)⁻¹	风量 /m³·s⁻¹	风温 /℃	富氧率 /%	入炉 品位/%	透气性指数 /m³·(min·kPa)⁻¹	顶温 /℃	理论燃烧 温度/℃
基准期	3.74	1609	1188	3.01	55.50	11.40	222	2239
阶段一	3.85	1626	1189	2.69	55.43	12.16	217	2230
阶段二	3.93	1629	1189	2.84	55.81	12.22	214	2227
阶段三	3.95	1635	1188	2.62	56.07	12.04	211	2225

工业试验期间，高炉稳定顺行，接受 25% 的兰炭混合喷吹。由表 3-20 和图 3-30 可以看出，与基准期相比，试验各阶段的入炉品位、风温、富氧、风量基本在同一水平，风温几乎保持不变，入炉品位略有提高，风量略有增加，富氧率略有降低。从高炉的产量来看，试验期间利用系数略有增加，主要是由于新兴铸管入炉矿的品位稍有提高，风量增加，同时试验期间高炉顺行稳定，因此产量随之增加。从高炉的顺行程度来看，透气性指数略有升高，理论燃烧温度略呈下降趋

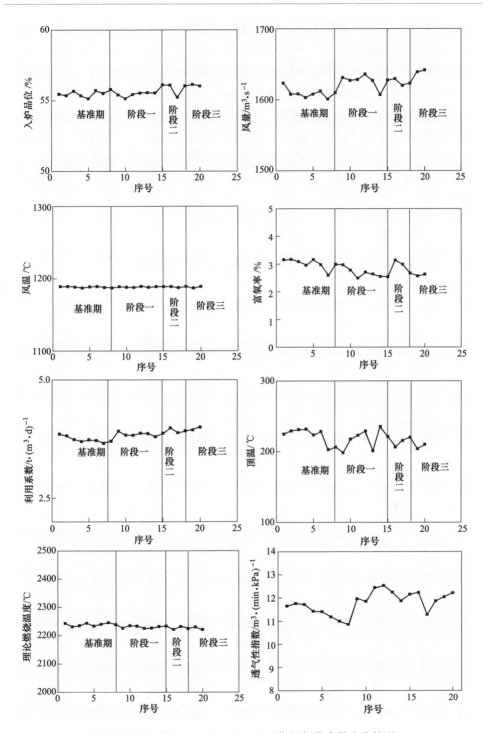

图 3-30　3 号高炉基准期及工业试验期间操作参数变化情况

势。透气性指数升高，表明高炉内部的透气性变好，高炉操作条件变好，一方面是由于兰炭混合喷吹后，高炉风口回旋区的一次燃烧率提高，未燃煤粉消耗速率变快，软熔带的透气透液性逐渐增强；另一方面，入炉的品位稍提高，吨铁渣量有所减少，有利于改善高炉内部的透气透液性。理论燃烧温度的下降，主要是由于混合煤中的水分、灰分有所增加，在风口回旋区内煤中的水分气化分解吸热、灰分成渣耗热，都会使理论燃烧温度有所降低。但从工业试验结果来看，理论燃烧降低仍然大于2200℃，能够满足高炉生产所需的热量，炉缸热状态充足。从各阶段炉顶温度的值来看，试验期较基准期的炉顶温度略有降低，表明煤气利用率有所改善。

3.6.3.3 煤粉利用率分析

高炉除尘灰中碳含量可以反映喷煤量增加后的煤粉利用率情况。工业试验期间焦炭质量较基准期稍好，煤粉质量波动较大。工业试验期间除尘灰碳含量变化见表3-21。

表3-21 3号高炉除尘灰碳含量分析结果

项 目	煤比/kg·t^{-1}	重力灰含碳量/%
基准期	148	40.25
阶段一	155	37.57
阶段二	155	39.53
阶段三	157	40.23

由表3-21可以看出，试验期两个阶段的煤比有较大的增加，且与基准期相比，高炉的风温水平几乎不变，富氧水平有所降低。这种情况下重力灰中含碳量仍然略有下降，说明喷吹兰炭与潞安煤混合煤粉在高炉中更容易被利用，提高了煤粉在高炉中的利用率。

3.6.3.4 兰炭喷吹经济性分析

喷吹兰炭和潞安无烟煤混合煤粉的目的在于降低燃料成本，喷吹兰炭后高炉的焦比、燃料比如何变化，燃料成本如何变化是钢铁企业最关心，也是此次工业试验的核心问题，因此必须对基准期和工业试验期间焦比、燃料比及燃料成本变化情况进行统计、分析和总结，对兰炭合理的喷吹比例给出合理化建议。表3-22是基准期和工业试验期间3号高炉煤比、焦比（包括焦丁）和燃料比的变化情况。

表 3-22 基准期和工业试验期间 3 号高炉燃料消耗情况

项 目	煤比/kg·t^{-1}	焦比/kg·t^{-1}	燃料比/kg·t^{-1}
基准期	148	394	542
阶段一	155	387	541
阶段二	155	388	542
阶段三	156	387	543

由表 3-22 可以看出，与基准期相比，试验期的煤比有所增加，焦比降低，燃料比基本一致；兰炭喷吹比例增加后，燃料比变化较小。说明兰炭与潞安无烟煤混合喷吹后，煤粉利用率升高。煤焦置换比升高。结合兰炭的燃烧性与反应性检测结果可知，兰炭的反应性远远高于潞安无烟煤，因此兰炭在高炉中的利用率较高，对焦炭的保护作用加强，配加兰炭混合喷吹后混合煤粉在炉内利用率提高，煤焦置换比升高。所以，在喷吹兰炭后煤比升高的情况下，焦比会有所降低且燃料比几乎不变。表 3-23 是基准期及工业试验各阶段燃料成本（不扣税）的变化情况。

表 3-23 基准期和工业试验期间 3 号高炉吨铁燃料成本变化情况

项 目	混煤成本/元	焦炭成本/元	煤比电耗/元	燃料成本/元
基准期	106.53	282.02	0	388.55
阶段一	110.07	277.01	0.3	387.38
阶段二	108.58	277.73	0.4	386.71
阶段三	108.53	277.01	0.5	386.04

注：燃料成本计算中，潞安无烟煤按干基扣税价格 615.21 元/t 计算（扣 8%水），兰炭按干基扣税价格 532.93 元/t 计算（扣 15%水）计算，燃料成本的混煤成本中包含 17%的税；焦炭及焦丁价格按照内部结算价 680 元/t 计算；根据数据统计结果混煤中配加 10%兰炭时，吨铁喷煤量制粉的电耗成本约增加 0.3 元，配加 20%时按照增加 0.4 元计算。

由表 3-23 可以看出，由于配加兰炭喷吹后煤比升高、焦比降低，所以吨铁混煤成本有所升高，焦炭成本下降；兰炭的可磨性较潞安无烟煤更低，所以配入兰炭后制粉成本会有所升高，结合吨铁混煤成本、吨铁焦炭成本和制粉成本的变化，计算得出基准期和试验期各阶段燃料成本的变化。结果表明，与基准期相比，兰炭配入比例为 10%时，吨铁燃料成本降低 1.17 元；配加 20%兰炭时，吨铁燃料成本降低 1.84 元；配加 25%兰炭时，吨铁燃料成本降低 2.51 元。根据目前 3 号高炉日产 2000t 左右生铁的情况，如果兰炭比例控制在 20%，则仅 3 号高炉每年燃料成本可降低 130 万左右；如果可以控制在 25%，则燃料成本可降低 180 万左右；且由于原燃料条件稳定性较好，喷吹兰炭后高炉能够保持稳定顺行，因此，吨铁燃料成本的降低势必导致吨铁成本降低，这也是此次工业试验的目的所在。

3.7　兰炭喷吹节能减排效果分析

3.7.1　炼铁工艺能耗状况

炼铁工业是国民经济的重要基础产业，为社会和经济发展作出了巨大贡献。同时，传统炼铁工艺是资源、能源密集消耗的过程，其能源消耗占钢铁产品总能耗的 70% 以上，且污染十分严重。

2018 年中国钢铁工业协会（以下简称中钢协）会员单位能耗总量为26417.01 万吨标煤，比上年下降 1.25%；吨钢综合能耗（标煤）为 555.24kg/t，比上年降低 2.13%；吨钢可比能耗（标煤）为 496.84kg/t，比上年下降 3.12%；铁钢比为 0.9058，比上年降低 0.0283，这是吨钢综合能耗下降的重要原因，也是钢铁工业向优化方向发展的标志。此外，高炉炼铁工序能耗（标煤）约为392.13kg/t，烧结工序能耗（标煤）约为 48.60kg/t，球团工序能耗约为25.36kg/t，焦化工序能耗（标煤）约 104.88kg/t，如图 3-30 所示。炼铁系统（包括烧结、球团、焦化、高炉炼铁）能耗约占联合钢铁企业总能耗的 70%，成本约占 60% 左右，污染物排放占 70% 以上，因此，钢铁工业要降低吨钢综合能耗就必须努力降低炼铁工序能耗。降低炼铁工序能耗的前提是降低炼铁燃料比（焦比、小块焦比和煤比），2018 年全国重点钢铁企业炼铁燃料比为 536.43kg/t。

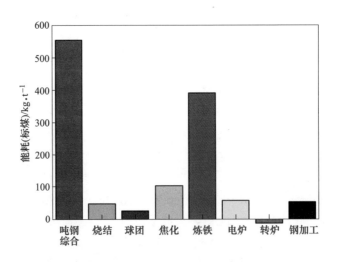

图 3-31　2018 年我国重点钢铁企业各工序能耗

钢铁企业用能有 80% 以上是煤炭，主要是炼焦用煤、燃料用煤和高炉喷吹用煤。钢铁工业煤耗占全国工业总煤耗的 10% 以上。按吨铁能耗（标煤）600kg/t计算，每生产 1 亿吨铁，需要消耗 0.6 亿吨标煤。

3.7.2 炼铁工艺 CO$_2$排放状况

煤炭是由 C、H、O 及少量的 N、S、P 等组成的高分子有机化合物，在其燃烧或消耗过程中会释放出大量 CO$_2$、SO$_2$、NO$_x$、烟尘等有毒、有害物质，从而对环境造成污染。其中，CO$_2$被广泛认为是产生温室效应并导致全球变暖的最主要温室气体。为保护地球环境，控制 CO$_2$排放已在全球范围内得到普遍共识。

钢铁工业在消耗大量地下碳源的同时，源源不断地向大气中排放 CO$_2$气体，其 CO$_2$排放量仅次于电力行业。若标煤的 CO$_2$排放系数按 2.3 进行计算，炼铁工业每生产 1 亿吨铁水要向大气中排放约 1.4 亿吨 CO$_2$。钢铁工业 CO$_2$的排放量约占人为 CO$_2$排放总量的 7%，我国作为超级钢铁大国和温室气体排放大国，面临着严峻的减排形势。

炼铁工艺除了排放大量的 CO$_2$外，还会产生大量的 SO$_2$、NO$_x$ 等有害气体。2018 年钢铁行业二氧化硫、氮氧化物和颗粒物排放量分别为 105 万吨、163 万吨、273 万吨，约占全国排放总量的 6%、9%、19%，是目前我国主要的大气污染排放源之一。

3.7.3 兰炭粉喷吹对高炉节能减排的效果

3.7.3.1 兰炭粉用于高炉喷吹节能的效果

兰炭粉和高炉喷吹煤混合后喷入高炉，在风口回旋区进行复杂的物理化学反应，随后灰渣进入炉渣中，参与造渣过程和脱硫反应。兰炭粉喷吹过程中热效应主要体现在燃烧放热与灰渣耗热、脱硫耗热、分解耗热的综合效应。兰炭粉喷吹除了提供直接的热量外，其燃烧性和反应性对高炉带来的间接影响也是不容忽视的。兰炭的燃烧性和反应性好坏决定着未燃煤粉的产量，未燃煤粉会影响料柱的透气性，对炉况顺行不利，主要表现在以下几个方面：（1）未燃煤粉进入炉渣呈悬浮状态，会增加炉渣的黏度，影响炉渣的流动性，严重时造成炉缸堆积。（2）未燃煤粉会滞留在软熔带和滴落带，降低其透气性，造成了下部难行和悬料。（3）大量未燃煤粉吸附在炉料表面和沉积在空隙中，特别沉积在中心部位，会严重恶化炉料透气性，导致压差升高，中心气流受阻，边缘气流发展和炉况不顺。高炉炉况波动，必然导致操作中减负荷，燃料比会随之升高，高炉能耗增加。

兰炭粉喷入高炉要经过挥发分分解（即碳氢化合物分解）、水煤气反应、挥发分燃烧、固定碳燃烧、脱硫、灰分成渣等一系列过程，在这一过程中伴随着不少吸热反应。在高炉内，兰炭粉燃烧后最终产物为 CO、N$_2$、H$_2$；因此兰炭粉在高炉内的实际供给热应该是兰炭中碳不完全燃烧发热值扣除兰炭粉的分解热、水煤气反应热、脱硫耗热、成渣热之后的热量。一般兰炭粉发热值测定包括了氢燃烧放出热，但实际上兰炭粉在高炉内，氢是不被氧化的，也就是说，氢含量高，对风口前燃烧的热量贡献并没有提高，因此兰炭粉实际供给热计算时氢参与的反应最终产物为氢气，不燃烧放热，具体计算过程如图 3-32 所示。

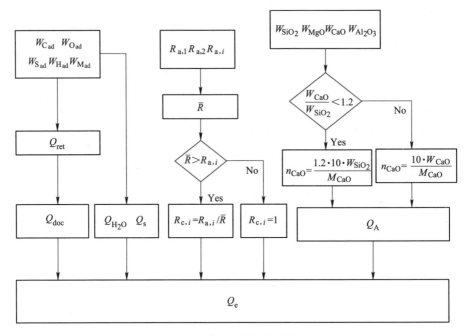

图 3-32　燃料有效热值计算过程

　　本节采用实验研究提出的有效发热值的概念，对比分析了喷吹兰炭粉对高炉热量的影响规律；并从分解热、炉渣耗热、脱硫耗热等方面解析兰炭在节能方面的作用。

　　本次对比分析采用恒源兰炭粉与阳泉烟煤进行对比分析，两种燃料的工业分析和元素分析见表 3-24。

表 3-24　燃料成分分析　　　　　　　　　　（%）

试　样	工业分析				元素分析				
	A_{ad}	V_{ad}	FC_{ad}	M_{ad}	C_{ad}	H_{ad}	N_{ad}	$S_{t,ad}$	O_{ad}
恒源兰炭粉	10.19	9.88	79.29	0.64	80.87	2.35	0.82	0.34	4.79
阳泉无烟煤	9.95	7.06	82.36	0.63	83.29	3.31	1.12	0.62	6.66

　　通过理论计算可以得到恒源兰炭粉和阳泉无烟煤喷入高炉内的脱硫耗热、成渣耗热、分解耗热及水煤气反应耗热的具体数值。按照图 3-32 的计算过程可以计算得到不同燃料的有效发热值。

　　由于恒源兰炭粉的硫含量为 0.34%，仅为阳泉无烟煤的一半（0.62%），故利用恒源兰炭粉代替阳泉无烟煤可以降低入炉硫负荷，减少脱硫耗热。由表 3-25

可知，恒源兰炭粉的脱硫耗热为 28.56kJ/kg，约为阳泉无烟煤的一半。从脱硫耗热的角度分析，恒源兰炭粉可比阳泉无烟煤脱硫耗热节省 45.16%的热量。

表 3-25　燃料有效发热值及各热量　　　　　　　　　　（kJ/kg）

煤　种	脱硫耗热	成渣耗热	分解耗热	水煤气反应耗热	有效发热值
恒源兰炭粉	28.56	360.12	261.54	44.27	7591.31
阳泉无烟煤	52.08	351.64	680.43	43.58	6845.99
降耗效果/%	+45.16	-2.41	+61.56	-1.58	+10.89

恒源兰炭粉经过低温热处理后，部分挥发分脱出，碳基质中氢含量降低，且低于阳泉无烟煤的氢含量。通过理论计算得到恒源兰炭粉分解耗热为 261.54kJ/kg，阳泉无烟煤分解耗热为 680.43kJ/kg。从分解耗热的角度分析，恒源兰炭粉将比阳泉无烟煤节省热量 61.56%。

不同燃料的热量支出对比如图 3-33 所示。

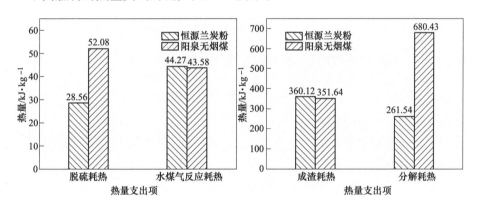

图 3-33　不同燃料的热量支出对比

然而，恒源兰炭粉灰分和水分较阳泉无烟煤稍高，导致其成渣耗热、水煤气反应耗热较阳泉无烟煤略高。恒源兰炭粉的成渣耗热和水煤气反应耗热分别较阳泉无烟煤的高 2.41%和 1.58%，但这两项的热量消耗的差异性相对于脱硫耗热和分解耗热的差异性小很多，对最终有效热值的影响较小。

从表 3-26 的燃烧性特征数值可以看出，恒源兰炭粉略好于阳泉无烟煤的燃

表 3-26　燃料热值及燃烧性分析

煤　种	燃烧率/%			低位热值/kJ·kg⁻¹
	500℃	600℃	700℃	
恒源兰炭粉	17.73	50.36	79.93	29218
阳泉无烟煤	7.12	43.41	79.90	31065

烧性，恒源兰炭粉的开始着火温度要明显小于阳泉无烟煤的开始着火温度。结合两种燃料的燃烧性和不同热量的收入与支出情况，通过计算得到恒源兰炭粉的有效热值为7591.31kJ/kg，阳泉无烟煤的有效热值为6845.99kJ/kg，恒源兰炭粉的有效热值较阳泉无烟煤的有效热高出745.32kJ/kg。从燃料有效热的角度分析，恒源兰炭粉的有效热值比阳泉无烟煤的有效热值高出10.89%，恒源兰炭粉具有取代阳泉无烟煤用于喷吹的可能。

3.7.3.2 兰炭粉用于高炉喷吹减排的效果

兰炭粉代替无烟煤用于高炉喷吹，可以减少风口入炉燃料的消耗量。恒源兰炭粉的有效热值比阳泉无烟煤的有效热值高，喷吹恒源兰炭粉有助于提高燃料利用效率，降低燃料比。

吨铁CO_2减排量计算：

$$Y = \frac{M \cdot \gamma \cdot \left(w(C)_{煤} - \dfrac{Q_{兰有效热}}{Q_{兰有效热}} \cdot w(C)_{兰} \right)}{m_C} \times m_{CO_2}$$

式中　Y——吨铁CO_2减排量，kg/t；

　　　M——煤比，kg/t；

　$w(C)_{煤}$——煤粉固定碳含量；

　$w(C)_{兰}$——兰炭粉固定碳含量；

　　　γ——兰炭粉替代比例；

$Q_{煤有效热}$——喷吹煤的有效热值，MJ/kg；

$Q_{兰有效热}$——兰炭粉的有效热值，MJ/kg；

　　m_C——碳的相对原子质量，12；

　m_{CO_2}——二氧化碳的相对分子质量，44。

吨铁SO_2减排量计算：

$$Y = \frac{M \cdot \gamma \cdot \left(w(S)_{煤} - \dfrac{Q_{煤有效热}}{Q_{兰有效热}} \cdot w(S)_{兰} \right)}{m_S} \times m_{SO_2} \times \lambda$$

式中　Y——吨铁CO_2减排量，kg/t；

　　　M——煤比，kg/t；

　$w(S)_{煤}$——煤粉固定碳含量；

　$w(S)_{兰}$——兰炭粉固定碳含量；

　　　γ——兰炭粉替代比例；

$Q_{煤有效热}$——喷吹煤的有效热值，MJ/kg；

$Q_{兰有效热}$——兰炭粉的有效热值，MJ/kg；

m_S——硫的相对原子质量，32；

m_{SO_2}——二氧化硫的相对分子质量，64；

λ——二氧化硫排放比例（占入炉硫负荷）。

通过上节计算可以得到恒源兰炭粉的有效热值为 7591.31kJ/kg，阳泉无烟煤的有效热值为 6845.99kJ/kg，硫随高炉炉顶煤气排除量约占入炉硫负荷的 5%，本计算过程采用兰炭替代高炉喷吹煤 25%，企业喷煤量为 150kg/t。具体计算过程如下：

吨铁 CO_2 减排核算：

$$\frac{\left(150 \times 0.8329 - 150 \times \dfrac{6845.99}{7591.31} \times 0.8087\right) \times 0.25 \times 44}{12} = 14.24\text{kg/t}$$

吨铁 SO_2 减排核算：

$$\frac{\left(150 \times 0.0062 - 150 \times \dfrac{6845.99}{7591.31} \times 0.0034\right) \times 0.25 \times 64 \times 0.05}{32} = 0.012\text{kg/t}$$

计算结果显示，恒源兰炭粉代替 25%阳泉无烟煤用于喷吹将带来吨铁 CO_2 减排 14.24kg，吨铁 SO_2 减排 0.012kg 的效果。

3.7.3.3 兰炭粉用于高炉喷吹的节能优势

鉴于炼铁工艺的能源需求和 CO_2 减排的需要，根据以上的研究可以判定，利用兰炭资源辅助炼铁是一个良好的选择。虽然兰炭能并不能完全代替炼铁工艺中的各种能源，尤其是焦炭在高炉内起到的料柱骨架作用；然而，兰炭粉辅助炼铁与传统的无烟煤喷吹相比，具有巨大的优势。

（1）燃烧性和反应性好。研究表明，兰炭粉的燃烧性和气化反应性都好于无烟煤。若将兰炭粉用于高炉喷吹，则兰炭粉在风口回旋区可以迅速反应，从而可以减少未燃碳量或增加喷吹量；若将大块兰炭与传统焦炭一起直接加入高炉，则在高炉上部兰炭即可被消耗掉，不会对高炉的透气性造成影响；若兰炭到达高炉下部，则可以代替部分焦炭的熔损反应，从而降低焦比；此外，兰炭粉在高炉内可迅速气化吸热，从而降低高炉热储备区的温度，提高煤气利用率，实现高炉的低还原剂操作。

（2）清洁环保，环境友好。兰炭粉资源比传统的喷吹煤能源清洁，其有害元素的含量较低，可用于生产优质的直接还原铁或高质量的洁净钢铁材料；兰炭粉的硫含量很低，可以减少高炉入炉硫负荷，进而可以减少高炉脱硫耗热，有助于降低燃耗，降低炼铁成本和 CO_2 排放。此外，兰炭粉资源比较清洁，N、S 含量比喷吹煤低，从而可以大大减少传统炼铁工艺 SO_2 等污染物的排放，更大程度地实现炼铁工艺的环境友好性。

（3）资源综合高效利用，可持续发展。兰炭产品中兰炭粉的利用方向最少，大多数生产厂堆放处理，因而兰炭粉的合理利用成为兰炭产业需要重点解决的关键问题之一。兰炭粉辅助炼铁，将其用于高炉喷吹，可以将废弃的兰炭粉资源作为发热剂和还原剂，在实现资源充分利用的同时减少环境污染。将兰炭粉用于高炉喷吹是两个不同产业之间突破性的衔接，可实现资源的优化配置和高效利用，有助于减少高炉喷吹对优质无烟煤的依赖，最大化利用兰炭产业的副产品，真正体现了可持续发展战略目标。

3.8　本章小结

（1）兰炭是煤化工中低温干馏的半焦产品，具有固定炭高、比电阻高、化学活性高、灰分低、铝低、硫低、磷低的特点。兰炭相比于普通喷吹用无烟煤燃烧性好，但可磨性指数相对偏低，对磨机的制粉能力有一定的影响。为了保证兰炭在喷吹过程中良好的可磨性，一般选择黏结性较低的原煤和较低的干馏热解温度进行生产。提高喷吹燃料的入炉粒度有助于缓解磨机的制粉压力，但对燃料在风口前的燃烧有一定的影响。钢铁企业需要匹配兰炭的可磨性和风口前的燃烧率。

（2）兰炭可以用来替代优质的无烟煤资源用于高炉喷吹。常用搭配结构为兰炭与烟煤混合喷吹。从成分的角度分析，烟煤的高挥发分、高水分有助于燃烧过程中碳质气孔结构的形成，促进燃烧；从微观形貌的角度分析，烟煤的板片状和沟槽状的微观形貌结构对燃烧的促进作用要好于兰炭石头状形貌结构；从化学结构的角度分析，烟煤的脂肪侧链和含氧官能团含量高于兰炭的，也是导致烟煤的燃烧性能好于兰炭的重要因素。因此，烟煤与兰炭混合喷吹，能进一步提高混煤的燃烧率。

（3）兰炭粉的硫含量、氮含量很低，其使用可以减少高炉入炉硫负荷，进而减少高炉脱硫耗热，有助于降低燃耗，降低炼铁成本和 CO_2 排放。将兰炭粉用于高炉喷吹，可实现两个不同产业之间资源的优化配置和高效利用，有助于减少高炉喷吹对优质无烟煤的依赖和最大化地利用兰炭产品，真正体现可持续发展战略目标。

（4）新兴铸管的高炉喷吹兰炭粉技术获得成功，吨铁成本显著降低。该技术成果目前已在包钢、酒钢、新兴铸管股份有限公司、山西美锦钢铁有限公司等国内知名企业推广和运用，给钢铁企业带来1.47亿元的经济效益。

参 考 文 献

[1] 林金元. 兰炭在电石生产中的应用 [J]. 化工技术经济, 2004, 22 (12)：23~25.

［2］焦阳，等. 兰炭用于酒钢高炉喷吹用煤的可行性分析［J］. 冶金能源，2011，30（6）：20~22.

［3］贺鑫杰，张建良，祁成林，等. 催化剂对煤粉燃烧特性的影响及动力学研究［J］. 钢铁，2012（7）：74~79.

［4］Huo W, Zhou Z J, Chen X L, et al. Study on CO_2 gasification reactivity and physical characteristic of biomass, petroleum coke and coal chars［J］. Bioresour Technol, 2014, 159: 143~149.

［5］Lahijani P, Zzinal Z A, Mohamed A R, et al. CO_2 gasification reactivity of biomass char: catalytic influence of alkaline earth and transition metal salts［J］. Bioresour Technol, 2013, 144: 285~288.

4 高炉喷吹生物质技术基础研究

4.1 生物质概述

生物质可指地球上一切有生命的物质，根据能量资源观点，通常将生物质定义为一定累积量的动植物资源和来源于动植物的废弃物的总称（不包括化石资源）。因此，生物质包括的种类很多，农作物、木材等农林资源，动物粪便、废纸、污水处理厂剩余污泥和许多工业废物也被视为生物质。

生物质是最有前途的可再生能源之一，种类多、储量巨大，是一种绿色环保的含碳能源，由于其潜在的可利用性，故可以在一定程度上解决世界能源危机问题[1,2]。此外，生物质的使用还可以有效缓减全球变暖和污染问题，对比化石能源，生物质在经济和环保方面都具有很突出的优势。所以，生物质的合理利用成为近年来研究学者们关注和研究的热点。

目前国内有关生物质炼铁的研究主要集中在生物质的燃烧失重特性、生物质半焦的简单制备及能耗环境评估等方面，对农林废弃物运用于高炉喷吹的系统研究相对较少，特别是对生物质半焦用于高炉喷吹后，在风口回旋区产生的未燃残炭在高炉内的行为研究鲜有报道[3,4]。此外，国外的研究成果大多建立在喷吹木炭粉的基础上，不适合中国当前严峻的环境形势[5~10]。农林废弃物作为炼铁潜在的喷吹燃料，研发农林废弃物在高炉喷吹工艺中合理的利用技术，对提高生物质/煤粉高温燃烧效率，降低炼铁系统对化石燃料的依赖程度，拓宽钢铁企业节能降耗、减排 CO_2 思路具有重要的现实意义。

生物质用作高炉喷吹用燃料必须满足入炉燃料的物理、化学和工艺性能，从物理角度来看，生物质必须破碎筛分至适宜喷吹的粒度，从化学角度来看，生物质必须具有和喷吹用煤相似的化学组分和燃烧反应性能。然而，生物质的组成和结构都与煤粉有很大不同，与煤粉相比，生物质的热值、固定碳含量、可磨性和能量密度较低，体积大，水分和挥发分含量较高，所有这些差异很大程度上限制了生物质直接有效地应用于高炉喷吹工艺。在过去的十几年中，热解已经发展成为一种有前途的热化学技术，可以在惰性气体或缺氧条件下对生物质进行改质。与原始生物质相比，生物质热解得到的固体产物被称为生物质半焦，具有较低的水分含量、较高的碳含量、较高的热值和能量密度，在一定热解条件下，可以达到高炉喷吹用燃料的要求。

4.2 生物质半焦的理化性能研究

4.2.1 实验原料及准备

实验采用了三种中国常见的农业废弃物，分别为玉米芯、棕榈壳和大豆秸秆。其中玉米芯和大豆秸秆取自我国的东北地区，棕榈壳则取自我国南方广西壮族自治区。东北地区拥有广阔的平原，土层深厚、黑土肥沃，是我国最大的商品粮生产基地，其中玉米和大豆是主要的经济作物。作为副产品的玉米芯和大豆秸秆资源量巨大，具有极大的潜在利用价值。此外，东北地区的农业机械化水平全国最高，这也为生物质资源的回收利用提供了便捷条件。棕榈壳是作为一种南方常见的农业废弃物，本身热值较一般生物质要高，具有较高的经济价值。

制备生物质半焦前，需要对生物质进行预处理。首先将 3 种生物质原料放入干燥箱中在 318K 下干燥 2h，然后分别使用粉碎机破碎成颗粒，颗粒直径控制在 1mm 以下。

生物质的热解设备为中温管式电阻炉，其结构如图 4-1 所示。将管式炉设定好程序，升温过程分为两步：先从室温升到 573K，升温速率为 5K/min；随后从 573K 升至目标温度，升温速率为 10K/min，保温 3h。实验中每组生物质的热解温度分别为 1073K、1273K 和 1473K。每次称取 50g 样品放入石墨坩埚中，用钳子将其水平放置在炉管底部，之后放入管式炉中加热。热解过程中采用 N_2 作为保护气，以确保生物质样品在隔绝空气条件下热解，气体流量设定为 2L/min。热解时间为 30min，之后取出炉管自然冷却至室温，为了确保实验的准确性在冷却过

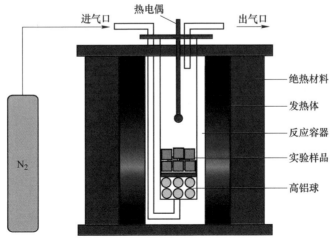

图 4-1 中温管式炉设备

程中持续通入 N_2，最后将冷却的生物质半焦取出装入试样袋中。

将在管式炉中制备的高温裂解生物质半焦进一步破碎，筛选出 200 目（75μm）以下的生物质半焦细粒用于实验及检测。为了方便论述，玉米芯半焦、棕榈壳半焦、大豆秸秆半焦在图表中分别用 CC char、PS char、SS char 表示。

4.2.2 生物质半焦收得率

图 4-2 所示为 3 种生物质半焦在不同热解温度下的半焦收得率，从图中可以看出，三组样品具有相同的变化趋势，即随着热解温度的升高，半焦产率逐渐下降。当热解温度从 1073K 上升到 1273K、1473K，玉米芯半焦的产率（质量分数）为 23.40%、20.83%、20.42%，大豆秸秆半焦的产率（质量分数）为 25.95%、24.06%、21.79%，棕榈壳半焦产率为 33.12%、29.22%、28.18%。在同一热解温度下，3 种生物质半焦产率由高至低依次为棕榈壳半焦＞大豆秸秆半焦＞玉米芯半焦。此外，从图 4-2 中还可以看出，棕榈壳半焦和玉米芯半焦在 1273K 下半焦的收得率明显低于 1073K，当热解温度升高到 1473K 时半焦的收得率相比于 1273K 变化很小，说明在 1273K 时棕榈壳半焦和玉米芯半焦的热解过程基本完成。大豆秸秆半焦的收得率与热解温度呈现出较好的线性关系，随着热解温度的升高，半焦收得率逐渐降低，说明在 1073~1473K 区间内热解过程仍在持续进行。

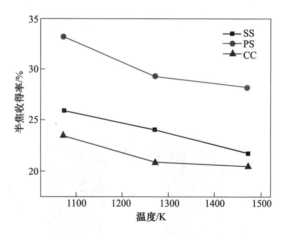

图 4-2 生物质半焦的收得率与热解温度的关系

4.2.3 工业分析和元素分析

与煤粉成分一样，生物质半焦是由水分、挥发分、灰分和固定碳四种组分组成。根据工业分析和元素分析可以初步判断不同生物质半焦的组成特点，从而确定其工业用途。

表 4-1 为所有样品干燥基时的工业分析和元素分析结果，其中 d 代表干燥基。所有生物质半焦样品的固定碳含量均达到 70% 以上，随着热解温度的升高，生物质半焦中的灰分含量逐渐增加，挥发分含量逐渐减少。在同一热解温度下，棕榈壳半焦的灰分含量最高，相对应的固定碳含量最少，而三种生物质半焦中大豆秸秆半焦的挥发分含量最高，这可能与生物质原料中的半纤维素和纤维素含量有关。

表 4-1　不同生物质半焦的元素分析和工业分析

样品	热解温度 /K	工业分析（质量分数）/%			元素分析（质量分数）/%					元素比 （H/C）
		FC_d	A_d	V_d	C	H	O	N	S	
CC char	1073	86.13	5.25	8.62	84.42	1.565	13.130	0.70	0.185	0.0185
	1273	87.62	5.58	6.80	84.89	1.175	13.022	0.79	0.123	0.0138
	1473	89.08	5.67	5.25	86.15	0.681	12.174	0.86	0.135	0.0079
PS char	1073	76.22	10.72	13.06	79.76	2.227	17.102	0.82	0.091	0.0279
	1273	72.76	20.05	7.19	75.80	1.122	22.154	0.83	0.094	0.0148
	1473	72.52	23.33	4.15	74.18	0.618	24.286	0.84	0.076	0.0083
SS char	1073	72.11	9.04	18.85	72.73	2.627	22.475	1.39	0.778	0.0361
	1273	78.76	11.59	9.65	76.98	1.198	20.381	1.13	0.311	0.0156
	1473	80.73	12.30	6.97	75.96	0.900	21.611	1.19	0.339	0.0118

从图 4-3 中可以看出，三组样品的变化趋势相同，随着热解温度的升高 H/C 逐渐下降，造成这一现象的主要原因是挥发分的大量析出带走了原料中的大部分 H、O 元素。H/C 的降低意味着芳香烃结构的发展，这说明热解温度的升高有利于生物质半焦中芳香烃结构的发展。

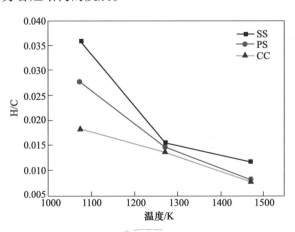

图 4-3　生物质半焦的 H/C 值曲线

4.2.4　微观形貌分析

生物质半焦样品的微观形貌分析采用的是北京科技大学化学与生物工程学院的日立 SU8010 型扫描电镜，该设备具有优秀的低加速电压成像能力，1kV 二次电子分辨率可达 1.3nm，配备高立体感图像和高分辨 SE、BSE 图像信号检测器。此次实验中观察了 3 种不同热解温度下（1073K、1273K、1473K）制备的玉米芯半焦、棕榈壳半焦和大豆秸秆半焦的微观形貌特征。图 4-4 所示为三组生物质半焦样品的 SEM 图片，由于生物质半焦的颗粒粒径较小，为了更好地观察生物质半焦的微观孔隙结构变化，拍摄的放大倍数设定为 2000 倍。

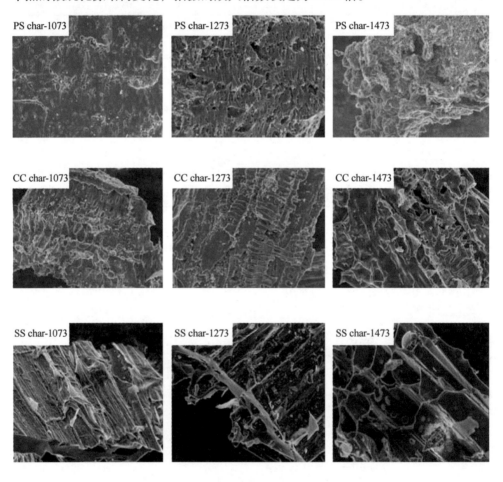

图 4-4　不同生物质半焦的 SEM 图片

从图 4-4 中可以看出生物质原料的种类和结构对高温热解生物质半焦的微观形貌有很大的影响。生物质半焦的微观形状总体上与原料一致。其中棕榈壳半焦的颗粒在微观观察下是不规则的块体，当热解温度为1073K时，棕榈壳半焦表面分布着点状微孔以及长条浅痕状的孔隙，而且表面光滑未发生熔损现象。这说明在1073K下，棕榈壳半焦孔隙结构还处于发展阶段；当热解温度升高到1273K时，从SEM图片中可以明显观察到孔隙的发展和孔洞间的融合现象，条状的孔洞遍布在棕榈壳半焦的表面，而且与1073K时的样品比较孔洞的尺寸明显增大。这是由于随着热解温度的升高，挥发分进一步析出使得棕榈壳半焦的孔隙结构进一步发展，孔壁变薄，孔体积增大，由于孔洞的不断发展，在孔壁相对薄弱处相邻孔洞会发生融合现象；当热解温度进一步升高至1473K时，棕榈壳半焦的表面熔融现象明显，孔洞坍塌、堵塞，孔隙结构消失。热解温度从1073K上升到1273K时，棕榈壳半焦的孔隙结构增多；当热解温度从1273K上升到1473K时棕榈壳半焦的孔隙结构急剧减少，孔隙结构总体呈现出先增大后减小的趋势。

玉米芯半焦颗粒具有层状骨架结构，在1073K下，玉米芯半焦表面分布着椭圆形的开孔凹坑，表面粗糙分布着长短不一的棱状突起，相比于棕榈壳半焦孔隙结构较少；当温度升高到1273K时，玉米芯半焦表面发生熔蚀现象，绝大部分的椭球形开孔凹坑消失，棱状突起断裂变短，部分骨架结构消失，由于熔蚀现象的发生，颗粒表面比1073K时光滑；当温度升高到1473K时，熔蚀现象进一步加剧，玉米芯半焦表面凹坑和棱状骨架几乎全部消失，表面光滑度进一步上升。玉米芯半焦的孔隙结构受热解温度影响较大，随着热解温度的升高其自身的孔隙结构逐渐减少。

大豆秸秆半焦的微观形状与棕榈壳半焦和玉米芯半焦的差别较大，呈现薄片的中空管状结构。这是因为大豆秸秆是由作为输送水分和养料的根茎组成的。1073K下热解制备的大豆秸秆半焦除了中空的管状孔洞之外几乎没有任何其他孔隙结构，表面伴有条状突起；在1273K下热解制备的大豆秸秆半焦微观形貌受热解温度影响较小，除了管状孔洞略有发展外无明显变化；当热解温度升高到1473K时，孔洞出现熔化现象，椭圆形孔洞发展成为棱柱状孔洞，管壁厚度急剧减小，相邻孔洞管壁之间出现圆形穿透孔，这表明相邻孔洞之间开始发生融合现象。大豆秸秆半焦的孔隙结构总体来说随着热解温度呈现增大的趋势。

4.2.5　比表面积和孔结构分析

微观孔隙结构是影响生物质半焦燃烧和气化反应性的重要因素之一。前期研究表明直径大于1.5nm（1.7~200nm）的孔结构会促进半焦气固化反应的进行。虽然通过SEM图片可以从直观上观察分析不同生物质半焦样品微观形貌特征，但基于SEM图片仅能做出定性分析，为了进一步确定比表面积和孔隙的具体数值，定量分析生物质半焦微观结构的差异，实验采用美国康塔公司生产的Quadrasorb SI型比表面积分析仪，吸附质为惰性气体N_2。在473K下对样品脱气持续

6h，接着对试样在固定的比压力点处测量其吸附量、脱附量，测量温度是 77K，吸附比压力点从 0.01~0.995 之间取 7 个，而脱附过程中取 19 个点。在氮吸附法的条件下，吸附剂的比表面积通过 BET（Brunauer-Emmett-Teller）方法计算得到，平均孔径和孔容通过 BJH（Barrett-Johner-Halenda）方法计算得到。

吸脱附等温线是对吸脱附现象：材料表面与孔结构进行研究的基本数据来源。材料自身的种类、表面形貌、吸附质的压力和温度都会影响吸脱附的进程。从吸脱附等温线中可以获得大量的孔结构信息。1985 年，IUPAC 发布了一份关于《气/固体系统物理吸附数据报告》的手册，其中特别提及表面积和孔隙度的测定，它的结论和建议被科学和工业界广泛接受并且沿用至今。根据 IUPAC 的相关研究可以将吸脱附曲线分为 6 种基本类型，本实验中不同生物质半焦的等温吸附-脱附曲线如图 4-5 所示，其中横坐标为测试压力与 N_2 饱和压力的比值，即为相对压力点 P/P_0，纵坐标为孔体积。从图 4-5 中可以看出，所有样品的吸脱附曲线均属于 II 型曲线，其特点为总体呈现反 S 形。在低相对压力阶段，曲线缓慢上升，这意味着吸附过程从单层到多层，同时表明更多的微孔存在于样品中；在高相对压力阶段，曲线上升迅速，显示出中等和大孔结构存在。此外，吸附和解

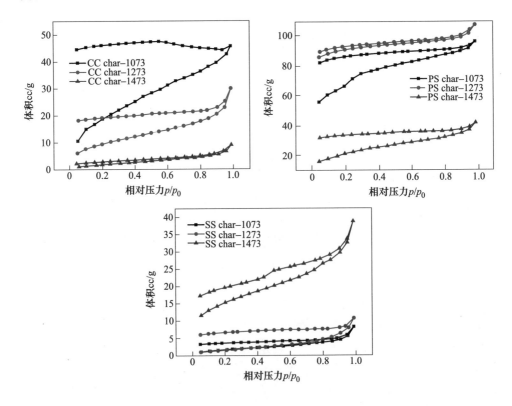

图 4-5　不同生物质半焦等温吸脱附曲线

吸曲线也没有在相对压力较低阶段完全闭合。主要原因是那里存在大量非常狭窄的狭缝孔或瓶形孔，在 77K 的条件下 N_2 分子移动非常缓慢，所以吸附非常狭窄的毛孔在动力学上受到限制。此类曲线说明本实验中所有生物质半焦中的孔体系是连续完整的，而且孔径范围分布很大，从分子级到无上限的开孔同时存在。

不同生物质半焦样品的比表面积见表 4-2，3 种生物质半焦的比表面积具有很大的差异，其中棕榈壳半焦的比表面积最大，在 1073K、1273K 和 1473K 下的比表面积分别为 237.36m²/g、408.18m²/g 和 75.45m²/g，玉米芯半焦比表面积为 71.66m²/g、35.97m²/g 和 7.48m²/g，大豆秸秆半焦的比表面积为 6.19m²/g、6.58m²/g 和 54.83m²/g。不同生物质半焦比表面积的演变规律不同，其中棕榈壳半焦的比表面积随着热解温度的升高先增大后减小，这与 SEM 图片观察到的结果一致，随着热解温度的升高，棕榈壳半焦的孔隙数量增多，且固有孔隙体积扩大导致了比表面积的增大。随着温度的进一步升高，孔隙发生融合坍塌，颗粒表面熔蚀、孔隙堵塞导致了自身比表面积的急剧下降。玉米芯半焦的比表面积随着热解温度的升高逐渐减小，这是由于随着热解温度的升高半焦表面固有孔隙结构逐渐消失，孔隙熔蚀现象随着热解温度的升高逐渐加剧。大豆秸秆半焦的比表面积随着热解温度的升高总体呈现逐渐增大的规律。在热解温度不高于 1273K 时，大豆秸秆半焦的微观形貌受热解温度变化的影响较小，自身孔结构只有轻微增长，所以当热解温度从 1073K 升高到 1273K 时，比表面积仅增加了 0.39m²/g；当热解温度升高到 1473K 时，大豆秸秆半焦的比表面积突然大幅度增大，这是由于颗粒的管状孔隙在 1473K 时得到了快速发展扩大。

表 4-2 不同生物质半焦的比表面积 （m²/g）

热解温度/K	SS char	CC char	PS char
1073	6.19	71.66	237.36
1273	6.58	35.97	408.18
1473	54.83	7.48	75.45

不同生物质半焦样品的孔径分布如图 4-6 所示，按照孔径的大小可将孔分为三类：微孔、中孔和大孔。其中微孔的孔径值小于 2nm，中孔的孔径值在 2～50nm，大孔的孔径值大于 50nm。可以看到生物质半焦颗粒内孔径分布较均匀，绝大部分孔结构为中孔。随着热解温度的升高，颗粒的孔径分布情况发生明显改变，变化区域主要发生在中孔部分，棕榈壳半焦的孔径分布随着热解温度的升高先减小后增大，玉米芯半焦的孔径分布则呈现出逐渐减小的趋势，大豆秸秆半焦随着热解温度升高先略有上升而后在 1473K 时突然增大。这一部分的变化主要是由于挥发分析出和碳熔蚀引起的孔洞发展、融合和坍塌造成的。曲线的起始部分是一个上升部分，随着孔径的增大，在 3.5～4nm 区域内出现一个尖峰，说明该

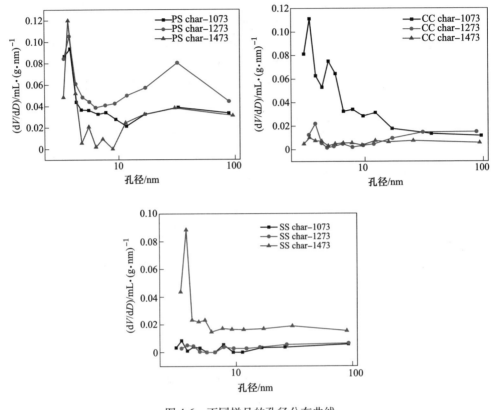

图 4-6　不同样品的孔径分布曲线

孔径范围占中孔结构的主导地位。这三组生物质半焦的孔径分布与比表面积有着相同的变化规律。当比表面积增大时，中孔数量和所占比例增大，反之则下降。同时可以看出孔径小于 40nm 的中孔的比表面积在生物质半焦的总比表面积中占绝大部分。

4.2.6　微晶结构分析

虽然生物质主要都是由纤维素、半纤维素和木质素组成，但是不同种类生物之间 3 种组分性质和含量差别很大。在高温热解条件下，分子内及分子间的 O—H 键、C—H 键、C—O 键等大量断裂，同时形成芳香结构，导致热解半焦微晶结构的排列方式和堆积方式发生改变。自从 Warren 将 X 射线衍射技术（XRD）应用于煤样品以来，XRD 广泛应用在煤焦等碳质材料的类石墨结晶物质的检测分析上。生物质半焦的微晶结构由数层芳香层片叠加而成，其层片的长度常称为层片直径，用 L_a 表示；芳香层单层之间的距离用 d_{002} 表示；每个微晶的层片平均堆砌厚度（即微晶高度）用 L_c 表示。利用 Bragg 方程和 Scherrer 公式等进行计算，可得到这些微晶参数的具体数值,进而清晰地表征出生物质半焦样品的微晶结构的差异变化。

检测设备采用的是北京科技大学新金属材料国家重点实验室的 RigakuD/MAX2500PC 型 X 射线衍射仪,测试条件为:Cu 靶辐射,X 射线管电压为 35kV,X 射线管电流为 40mA;扫描角度为 10°~100°扫描方式为连续扫描,扫描速度为 2°/min;采样间隔为 0.02°,样品粒度小于 74μm。检测结果如图 4-7 所示。

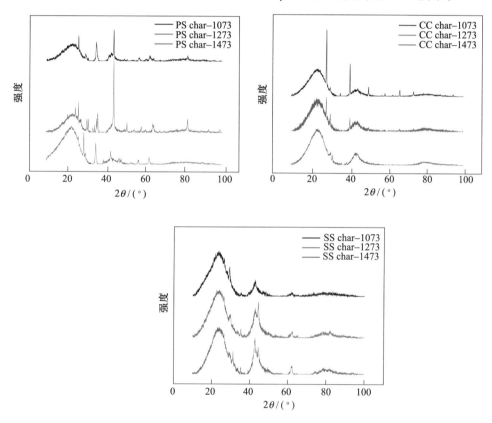

图 4-7　不同样品的 XRD 图谱

从图 4-7 可以观察到,在每组样品的(002)峰、(100)峰附近均出现了其他晶体特征峰,这是由于高温热解后制备的生物质半焦灰成分相对较高,在没有进行脱灰处理的情况下,无机矿物质会在 X 射线衍射过程中产生特征峰。

将图谱中特征峰(002 峰)的峰强、衍射角度带入谢勒等公式中计算得到碳微晶的单元结构尺寸:

$$L_c = 0.89\lambda/(\beta_{002}\cos\theta_{002}) \tag{4-1}$$

$$d_{002} = \lambda/(2\sin\theta_{002}) \tag{4-2}$$

$$L_a = 0.89\lambda/(\beta_{100}\cos\theta_{100}) \tag{4-3}$$

式中，β 为（002）峰的半高宽，X 射线波长 λ 为 0.15405nm，θ 为 002 峰衍射角，L_c、L_a 和 d 分别为微晶层片的堆垛高度、微晶片层长度及晶层间距。

微晶层片的堆叠高度反映了芳香层在空间排列的定向程度，而片层长度反映了芳香环的缩合程度。从表 4-3 中可以看出，相同热解温度下，不同生物质半焦的 L_c 值不同，即棕榈壳半焦 > 玉米芯半焦 > 大豆秸秆半焦，说明棕榈壳半焦的碳微晶结构有序程度最好，其次是玉米芯半焦，大豆秸秆半焦有序化最差。而同一种生物质在不同热解温度下的碳有序程度也有明显的规律性，随着热解温度的升高，L_c 值逐渐增大。这说明热解温度越高，生物质半焦的碳有序化程度越好。

表 4-3 生物质半焦的微晶结构参数

样　　品	d_{002}	L_c	L_a
PS char-1073	3.74	8.86	23.21
PS char-1273	3.71	9.61	23.62
PS char-1473	3.69	10.48	24.59
CC char-1073	3.67	8.67	22.29
CC char-1273	3.70	8.95	21.20
CC char-1473	3.71	9.02	20.39
SS char-1073	3.73	8.14	19.56
SS char-1273	3.79	8.53	18.11
SS char-1473	3.77	8.70	16.20

4.3　生物质半焦/煤粉高炉混合喷吹燃烧特性研究

综合考虑生物质的来源、生物质半焦的性能和成分，以及灰分中较高的 K、Na 等碱金属含量，目前还不能完全用生物质半焦进行高炉喷吹，因此可以考虑将生物质半焦配入喷吹煤，取代部分无烟煤进行喷吹。生物质半焦用于高炉喷吹后主要在风口前发生燃烧反应，因此研究生物质半焦和煤粉的混合燃烧特性尤为重要。

目前，研究高炉喷吹生物质或生物质半焦的方法主要有热重分析仪、流化床、滴管炉等，在这些技术中，热重分析法因其实验过程简单、实验数据丰富等优点，得到了广泛应用。燃烧反应特征参数包括起始燃烧温度、燃尽温度、最大燃烧速率及其对应的温度、平均燃烧速率和燃烧时间等，都可以通过热重分析法获得。同时，动力学研究对于混合燃烧反应的设计也是至关重要的，活化能、指前因子和反应机理函数等反应动力学参数也可以通过分析不同温度对应的转化率来获得；并且通过热重分析法得到的燃烧信息可以预测评估燃料在大规模设备中的反应行为。

综合考查上述研究的三种生物质，相比玉米芯和大豆秸秆，棕榈壳具有产量丰富、产率高、性能优良等特点，因此，选用棕榈壳制备得到的半焦与阳泉无烟煤进行混合燃烧实验，分析混合燃烧反应过程和特征参数，研究棕榈壳半焦的配加量对混合燃烧过程和燃烧特征参数的影响；建立燃烧反应动力学模型，求解混合燃烧反应的动力学参数，对不同动力学模型的结果进行对比分析，探究棕榈壳半焦与喷吹煤粉混合燃烧的协同作用规律，为棕榈壳半焦和煤粉合理搭配用于高炉喷吹提供理论依据。

4.3.1 实验原料与方法

实验前将煤样放置于105℃的烘干箱中，12h后取出在密封式磨样机中磨细，并用标准筛筛取粒度小于0.074mm的煤粉颗粒备用。本实验中棕榈壳半焦是在600℃热解制备所得。

表4-4为煤粉、棕榈壳原样和棕榈壳半焦的化学组成，从表中可以看出，棕榈壳的挥发分含量明显高于煤粉，但固定碳含量远低于煤粉，仅为26.78%。经过热解后，棕榈壳的挥发分含量急剧下降，固定碳含量增加。从元素分析可以看出，热解后棕榈壳的H和O元素含量降低，而C增加明显。棕榈壳的H/C和O/C摩尔比大于煤粉，主要是由于棕榈壳的芳香度比较低。热解后煤粉和棕榈壳半焦的挥发分、灰分和固定碳含量相差不大，但棕榈壳半焦的有害元素N、S含量低于煤粉。

表4-4 棕榈壳、棕榈壳半焦和煤粉的化学组成

试 样	工业分析/%				元素分析/%					摩尔比	
	M_{ad}	V_{ad}	A_{ad}	FC_{ad}	C_{ad}	H_{ad}	O_{ad}	N_{ad}	S_{ad}	H/C	O/C
棕榈壳	4.92	67.71	1.91	25.46	44.62	5.15	42.74	0.47	0.19	1.39	0.72
棕榈壳半焦	1.84	7.51	10.83	79.82	80.82	1.92	3.68	0.82	0.08	0.29	0.03
煤粉	0.84	7.90	12.32	78.94	79.86	2.94	2.26	1.11	0.67	0.44	0.03

为考查棕榈壳半焦配加量、升温速率对棕榈壳半焦与煤粉混合燃烧特性的影响，将制得的生物质半焦与煤粉分别按棕榈壳半焦质量分数为20%、40%、60%以及80%的配比混合，加入玛瑙研钵中研磨10min，至其充分混合，然后分袋装入以备后续热分析实验使用，实验过程中升温速率分别设定为5℃/min、10℃/min、15℃/min和20℃/min，具体实验方案见表4-5。

表 4-5 煤粉和棕榈壳半焦混合燃烧实验方案

实验序号	实验样品	升温速率/℃·min⁻¹
1	煤粉	5/10/15/20
2	20%棕榈壳半焦+80%煤粉	5/10/15/20
3	40%棕榈壳半焦+60%煤粉	5/10/15/20
4	60%棕榈壳半焦+40%煤粉	5/10/15/20
5	80%棕榈壳半焦+20%煤粉	5/10/15/20
6	棕榈壳半焦	5/10/15/20

本次实验采用热重分析仪测定棕榈壳半焦与煤粉及其混合物的燃烧特性。称取（5.0±0.1）mg 的样品均匀加入刚玉坩埚（ϕ5mm×5mm）中，放置于差热天平上，设置程序升温，使样品在空气气氛下升温至 800℃，设备自动记录失重过程，并采集数据，实验结束后通过 Origin 绘图软件绘制实验样品燃烧过程的 TG-DTG 曲线。

为了探究棕榈壳半焦和煤粉燃烧特性差异的原因，利用 4.2 节介绍的分析手段对棕榈壳半焦和煤粉的物化特性进行研究，分析二者物化性能的区别，从而探究棕榈壳半焦和煤粉混合燃烧的作用机理。

4.3.2 生物质半焦/煤粉混合燃烧特性及协同作用

利用热重分析法研究棕榈壳半焦、煤粉及其混合物在不同条件下的燃烧反应失重过程，对其燃烧特性进行分析，并用相应的燃烧特征参数进行描述。

4.3.2.1 生物质半焦和煤粉燃烧特性

将棕榈壳半焦和煤粉在 20℃/min 的升温速率下进行单一物质的燃烧特性分析，图 4-8 所示分别为棕榈壳半焦和煤粉的 TG-DTG 曲线。

对比图 4-8 可以发现，棕榈壳半焦和煤粉的燃烧过程大致相同，都只有一个主要的燃烧反应阶段，一些关键的燃烧特征参数（如起始燃烧温度 T_i、燃尽温度 T_f、最大燃烧速率即 DTG 曲线的峰值 R 以及其所对应的峰值温度 T_m），用于比较棕榈壳半焦和煤粉的燃烧特性，结果列于表 4-6。从表中可以看出，棕榈壳半焦的起始燃烧温度为 388℃，明显低于煤粉（501℃），说明棕榈壳半焦比煤粉更容易着火。棕榈壳半焦和煤粉的燃尽温度分别为 534℃ 和 649℃，说明棕榈壳半焦的燃烧过程比煤粉更早结束，主要是因为棕榈壳半焦灰分中碱金属含量较高，在燃烧反应后期起到了催化作用。棕榈壳半焦和煤粉的 DTG 曲线都只有一个明显的失重峰，不同点体现在煤粉 DTG 曲线的失重峰又尖又窄，峰值温度为 599℃，而棕榈壳半焦的失重速率峰较宽，位于 490~520℃ 之间。Mundike 等人[11]的研究发现 578℃ 制备的含羞草半焦的 DTG 曲线具有相似的现象。煤粉的最大燃烧速率为 $3.11×10^{-3}s^{-1}$，棕榈壳半焦的最大燃烧速率为 $2.55×10^{-3}s^{-1}$。

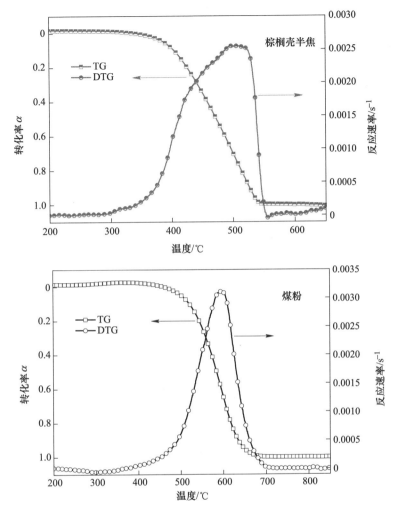

图 4-8　棕榈壳半焦和煤粉燃烧转化率和反应速率随温度的变化曲线

表 4-6　棕榈壳半焦和煤粉混合燃烧特征参数

棕榈壳半焦配加量/%	T_i/℃	T_{m1}/℃	R_1/s^{-1}	T_{m2}/℃	R_2/s^{-1}	T_f/℃	$R_{0.5}$/s^{-1}
0	501	—	—	599	3.11×10^{-3}	649	2.85×10^{-4}
20	458	—	—	586	2.77×10^{-3}	638	2.94×10^{-4}
40	417	507	1.49×10^{-3}	585	2.18×10^{-3}	632	3.09×10^{-4}
60	402	502	1.85×10^{-3}	566	1.57×10^{-3}	605	3.28×10^{-4}
80	391	501	2.31×10^{-3}	—	—	566	3.41×10^{-4}
100	388	497	2.55×10^{-3}	—	—	534	3.52×10^{-4}

注：R_1、R_2 分别为 DTG 曲线上第一个和第二个峰值；T_{m1}、T_{m2} 为峰值对应温度。

根据图 4-8 棕榈壳半焦和煤粉的燃烧 TG-DTG 曲线，为了评价棕榈壳半焦和煤粉的燃烧反应性，本节采用反应性特征参数 $R_{0.5}$ 来表征实验样品的燃烧反应性：

$$R_{0.5} = \frac{0.5}{t_{0.5}} \tag{4-4}$$

式中　$t_{0.5}$——燃烧反应的转化率达到 0.5 所需要的时间，s。

棕榈壳半焦的反应性特征参数 $R_{0.5}$ 为 $3.52 \times 10^{-4} \mathrm{s}^{-1}$，煤粉为 $2.85 \times 10^{-4} \mathrm{s}^{-1}$，棕榈壳半焦的反应性特征参数大于煤粉，说明棕榈壳半焦的燃烧反应性优于煤粉，从以上分析可以看出，将棕榈壳半焦与煤粉混合燃烧，可促进煤粉的燃烧，提高混合物的燃烧反应性。

4.3.2.2　生物质半焦配加量对混合燃烧特性的影响

生物质半焦的配加量是影响煤粉和生物质半焦混合燃烧过程的一个重要因素，20℃/min 升温速率条件下，不同配加量的棕榈壳半焦和煤粉混合燃烧的 TG-DTG 曲线如图 4-9 所示。由图可知，混合燃烧特性依赖于每种燃料的单独燃烧特性，混合物的燃烧曲线处于棕榈壳半焦和煤粉的单独燃烧曲线之间，并且随着棕榈壳半焦在混合物中的配加比例逐渐增大，每条曲线的形状略有不同，具体与所加入的含量有关，但整体趋势是随棕榈壳半焦在混合物中的配加比例逐渐增大，燃烧曲线逐渐向低温区域移动，混合物的燃烧特性和棕榈壳半焦越来越接近。从

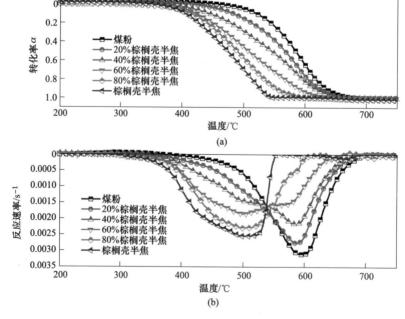

图 4-9　棕榈壳半焦和煤粉混合燃烧曲线

(a) 转化率曲线；(b) 反应速率曲线

DTG 曲线上可以很明显地看出，DTG 的峰值位于煤粉和棕榈壳半焦的单独燃烧区间之间。混合燃料中棕榈壳半焦配加量的增加导致燃烧曲线向左边移动，表明燃烧反应发生的温度逐渐降低。

当棕榈壳半焦的配加比例为 40% 和 60% 时，混合物燃烧的 DTG 曲线出现两个峰，第一个峰是由于棕榈壳半焦的燃烧产生的，位于 200~550℃ 之间，第二个峰是由于煤粉的燃烧产生的，位于 550~700℃ 之间。当混合燃料中棕榈壳半焦的配加量较少时（例如 20%），其燃烧特性更接近于煤粉，并且归属于棕榈壳半焦的燃烧失重峰很难辨别；同样，当棕榈壳半焦的配加量为 80% 时，混合燃料的燃烧行为更接近于棕榈壳半焦，而归属于煤粉的燃烧峰也很难辨别。混合物的最大失重速率发生的温度随棕榈壳半焦配加量而变化，当棕榈壳半焦的配加量高于 50% 时，DTG 曲线的峰位于低温区，并随着棕榈壳半焦添加量的增加向低温区移动，峰值也逐渐增大；当棕榈壳半焦的配加量低于 50% 时，DTG 曲线的峰位于高温区，并随着棕榈壳半焦配加量的增加向低温区移动，而峰值逐渐减小。Mundike 等人[11]研究不同生物质半焦和煤粉混合燃烧特性时，也发现了同样的规律。为了准确研究棕榈壳半焦的配加量对混合物燃烧过程的影响，计算了煤粉与棕榈壳半焦及混合物燃烧过程的特征参数，列于表 4-6。

图 4-10 和图 4-11 所示为起始燃烧温度 T_i、燃尽温度 T_f 和反应性特征参数 $R_{0.5}$ 和棕榈壳半焦配加量的关系曲线。由图可以看出，混合物的起始燃烧温度位于煤粉和棕榈壳半焦之间，并随着棕榈壳半焦配加量的增加而减小，对于棕榈壳半焦配加量为 80% 的混合物，起始燃烧温度相比煤粉降低了 110℃，起始燃烧温度降低的原因主要是棕榈壳半焦的起始燃烧温度较低，棕榈壳半焦在较低的温度下便开始燃烧，并释放热量，使混合物的温度上升，促进煤粉中挥发分的释放和燃烧，从而使燃烧过程提前[12]。随着棕榈壳半焦配加量的增加，燃尽温度明显

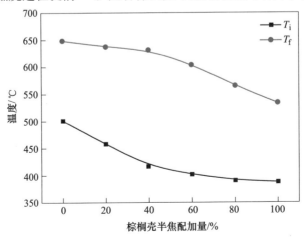

图 4-10 棕榈壳半焦配加量对 T_i 和 T_f 的影响

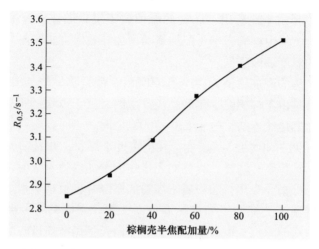

图 4-11 棕榈壳半焦配加量与反应性特征参数的关系

下降，煤粉的燃尽温度为 649℃，而棕榈壳半焦配加量为 80% 的混合物的燃尽温度降低至 566℃。燃尽温度下降的原因主要由于棕榈壳半焦灰分中碱金属氧化物的存在。大量研究[13,14]表明碱金属氧化物对碳质材料的燃烧过程有催化作用，并且催化效果随碱金属氧化物含量的增加而增强，棕榈壳半焦灰分中的 K_2O 含量明显高于煤粉，并且随着棕榈壳半焦配加量的增加，K_2O 的催化效果增强，导致了混合物的燃尽温度逐渐降低。随着棕榈壳半焦配加量逐渐增加，反应性特征参数 $R_{0.5}$ 逐渐增大，说明棕榈壳半焦的加入提高了煤粉的燃烧反应性。

从棕榈壳半焦和煤粉的混合燃烧曲线可以看出，棕榈壳半焦和煤粉混合后，其燃烧过程变得比较复杂，随着棕榈壳半焦在混合物中配加量的增加，混合燃料的燃烧特征参数（如起始燃烧温度 T_i、燃尽温度 T_f 和峰值温度 T_m）并没有呈现线性加和性，这说明棕榈壳半焦和煤粉混合燃烧过程中可能存在协同作用。为了探究棕榈壳半焦和煤粉在混合燃烧过程中是否存在协同作用，计算了棕榈壳半焦和煤粉混合燃烧过程的理论转化率，并与实验数据进行对比。如果实验数据高于理论数据，说明棕榈壳半焦和煤粉混合燃烧时存在正的协同作用；当实验数据低于理论数据时，说明二者存在负的协同作用[5]；当实验数据和理论数据相同时，说明二者混合燃烧过程中不存在协同作用。混合燃烧过程中的协同作用与棕榈壳半焦和煤粉混合燃烧的实验数据和理论数据的差异直接相关。

假设棕榈壳半焦和煤粉在混合燃烧过程中没有相互作用，混合物的转化率是两种组分单独燃烧的转化率的加权平均，则可用式（4-5）进行计算：

$$\alpha_{cal} = a \cdot \alpha_{PC} + b \cdot \alpha_{YQ} \tag{4-5}$$

式中，a 和 b 分别为棕榈壳半焦和煤粉在混合物中的质量分数；α_{PC} 和 α_{YQ} 分别为棕榈壳半焦和煤粉单独燃烧的转化率。

混合燃烧过程的实验数据和理论数据的对比如图 4-12 所示。从图中可以看出，实验数据和理论数据很接近，但在不同燃烧阶段仍存在差异。在低温阶段，反应开始后，当转化率比较低时，实验数据明显低于理论数据；随着转化率的增加，两组数据越来越接近。在高温阶段，转化率较大时实验数据明显高于理论数据。从以上的分析可以推断出，棕榈壳半焦和煤粉的混合燃烧过程中存在协同效应，低温阶段，棕榈壳半焦和煤粉的混合限制了挥发组分的挥发和燃烧，无烟煤煤阶高，需要更高的温度使挥发分析出并着火；当棕榈壳半焦和煤粉颗粒混合后，能量传输受到不同尺寸的颗粒的影响，使得温度梯度增加，这样造成挥发分的挥发和燃烧向高温区移动；随着棕榈壳半焦配加比例增加，负协同作用逐渐减弱。高温阶段主要是碳残余物的燃烧，棕榈壳半焦中的碳燃烧释放热量，加热煤粉中的碳，从而促进其提前燃烧；同时，棕榈壳半焦灰分中的碱性物质也充当了促进煤粉碳燃烧的催化剂，随着棕榈壳半焦配加比例增加，正协同作用逐渐增强，可能是因为混合物中的碱性物质含量随棕榈壳半焦配加比例增加而增多。

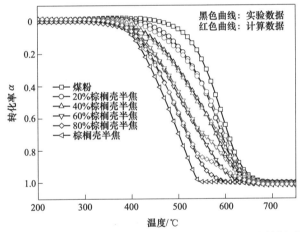

图 4-12　棕榈壳半焦和煤粉混合燃烧实验数据和理论数据对比

　　Farrow 等人[16]研究发现去除生物质中的碱金属和碱土金属化合物，会导致生物质半焦和煤粉混合燃烧过程中的协同作用几乎完全消失，这进一步证明了生物质中含有的碱金属和碱土金属对煤粉燃烧的催化作用。Edreis 等人[17]的研究表明，在气化过程中，生物质灰分中的碱金属和碱土金属是造成生物质和煤粉混合气化过程中相互作用的关键因素。由于生物质半焦颗粒的积极影响，煤粉的燃烧特性优于相应的加权平均性能参数，从而产生了生物质半焦和煤粉混合燃烧的协同效应。Wang 等人[18]在研究石油焦和生物质半焦混合物的共气化反应时，也发现了与本实验类似的结果。

　　因此，从以上分析可以总结出，在棕榈壳半焦和煤粉的混合燃烧过程中，煤粉的存在抑制了棕榈壳半焦挥发分的挥发和燃烧，但是棕榈壳半焦的燃烧和半焦灰分中的碱金属和碱土金属明显促进了煤粉的着火和燃烧。文献［19］研究造纸废渣和城市固态废弃物的混合燃烧时也得到了类似的结论。

4.3.2.3　升温速率对混合燃烧特性的影响

不同升温速率下棕榈壳半焦和煤粉混合燃烧实验的 TG-DTG 曲线如图 4-13 所

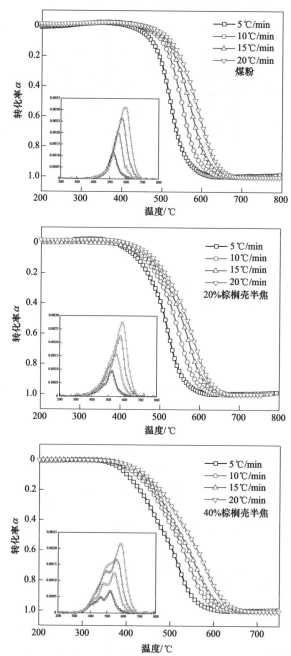

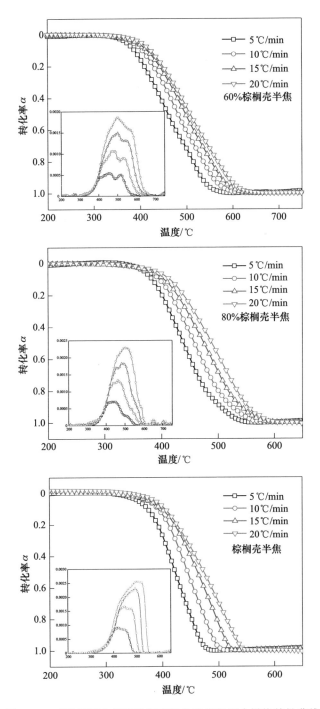

图 4-13 不同升温速率下棕榈壳半焦和煤粉混合燃烧特性曲线

示，从图中可以看出，不同配加比例的棕榈壳半焦和煤粉混合燃烧特性曲线随升温速率的演变趋势相同。大致呈现为随着升温速率的提高，TG 和 DTG 曲线都向高温区移动，DTG 曲线上各个燃烧峰越明显，对应的峰值温度也呈升高趋势；DTG 曲线失重峰更高，即最大燃烧速率增大，说明升温速率增加提高了燃烧强度。这种现象和其他研究学者的研究结果一致[20]。这是由于在燃烧过程中，升温速率越大，混合样在短时间内受到的热冲击越强，加快了试样与氧气的反应速率，水分、挥发分和固定碳在短时间内集中析出。

不同升温速率条件下的燃烧反应特征参数见表 4-7，起始燃烧温度 T_i、燃尽

表 4-7　不同升温速率下试样的燃烧特征参数

棕榈壳半焦配加量/%	β/℃·$\min^{-1}$	T_i/℃	T_{m1}/℃	R_1/s^{-1}	T_{m2}/℃	R_2/s^{-1}	T_f/℃	$R_{0.5}$/s^{-1}
0	5	456	—	—	522	1.13×10^{-3}	604	0.80×10^{-4}
	10	482	—	—	551	2.00×10^{-3}	629	1.52×10^{-4}
	15	490	—	—	579	2.66×10^{-3}	649	2.20×10^{-4}
	20	501	—	—	599	3.11×10^{-3}	665	2.85×10^{-4}
20	5	419	—	—	521	0.95×10^{-3}	598	0.81×10^{-4}
	10	435	—	—	546	1.59×10^{-3}	625	1.55×10^{-4}
	15	439	—	—	578	2.26×10^{-3}	644	2.25×10^{-4}
	20	458	—	—	586	2.77×10^{-3}	655	2.94×10^{-4}
40	5	382	461	0.51×10^{-3}	521	0.68×10^{-3}	589	0.85×10^{-4}
	10	402	478	0.93×10^{-3}	543	1.24×10^{-3}	613	1.62×10^{-4}
	15	408	496	1.30×10^{-3}	557	1.66×10^{-3}	630	2.38×10^{-4}
	20	417	507	1.49×10^{-3}	585	2.18×10^{-3}	649	3.09×10^{-4}
60	5	371	454	0.55×10^{-3}	520	0.52×10^{-3}	561	0.91×10^{-4}
	10	385	487	1.08×10^{-3}	537	0.89×10^{-3}	589	1.73×10^{-4}
	15	393	501	1.49×10^{-3}	548	1.30×10^{-3}	606	2.51×10^{-4}
	20	402	502	1.85×10^{-3}	566	1.57×10^{-3}	622	3.28×10^{-4}
80	5	370	450	0.70×10^{-3}	—	—	533	0.95×10^{-4}
	10	377	463	1.34×10^{-3}	—	—	556	1.82×10^{-4}
	15	380	494	1.82×10^{-3}	—	—	571	2.63×10^{-4}
	20	391	501	2.31×10^{-3}	—	—	583	3.41×10^{-4}
100	5	359	419	0.93×10^{-3}	—	—	476	0.99×10^{-4}
	10	375	451	1.66×10^{-3}	—	—	500	1.87×10^{-4}
	15	378	493	2.32×10^{-3}	—	—	518	2.71×10^{-4}
	20	388	497	2.55×10^{-3}	—	—	542	3.52×10^{-4}

温度 T_f 和 $R_{0.5}$ 随升温速率的变化情况如图 4-14 和图 4-15 所示，随着升温速率的增加，起始燃烧温度 T_i、燃尽温度 T_f 逐渐增大，燃烧反应性特征参数 $R_{0.5}$ 逐渐增大，说明随着升温速率升高，混合物的燃烧反应性增强。造成这种现象的原因主要有两个方面：一方面，升温速率越高，试样燃烧达到相同的温度越快，在该温度下反应停留时间越短，反应程度越低；另一方面，在升温速率较低时，燃料颗粒被逐渐加热，热量能够更好地传递到颗粒内部和周围，升温速率越高，越会影响燃烧颗粒内部和周围的热传导、设备和样品之间的热传导，因此温度迅速升高，燃烧样品没有足够的时间达到热平衡，导致在较高升温速率时存在严重的热滞后现象[21,22]。

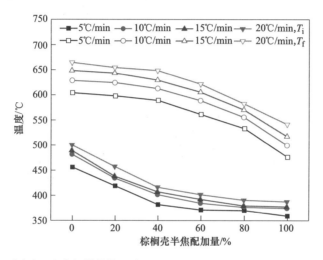

图 4-14 不同升温速率起始燃烧温度 T_i、燃尽温度 T_f 和棕榈壳半焦配加量的关系

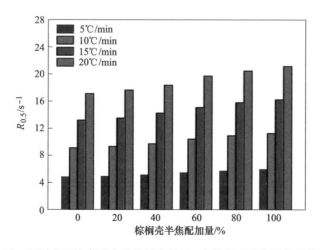

图 4-15 不同升温速率反应性特征参数 $R_{0.5}$ 和棕榈壳半焦配加量的关系

4.3.2.4 生物质半焦和煤粉的物化特性

棕榈壳半焦和煤粉的化学组成和微观结构等物化特性存在很大差异，研究其物化特性，将有助于对其燃烧特性的差异进行分析和对比。图4-16所示为用扫描电镜观测到的棕榈壳半焦和煤粉的微观形貌，两者都是无规则的球形颗粒，煤粉表面比较光滑、结构紧密，几乎没有孔洞；而棕榈壳半焦的表面存在大量的孔洞，主要是由于棕榈壳半焦在热解制备过程中挥发分大量逸出，在颗粒表面和内部形成大量孔隙结构。

(a)   (b)

图4-16 棕榈壳半焦和煤粉的微观形貌
(a) 棕榈壳半焦；(b) 煤粉

对棕榈壳半焦和煤粉进行 N_2 吸附检测，结果见表4-8。棕榈壳半焦的比表面积为 $201.5m^2/g$，煤粉的比表面积为 $3.3m^2/g$，远小于棕榈壳半焦的比表面积；棕榈壳半焦和煤粉的总孔容分别为 $136.8 \times 10^{-3} cm^3/g$ 和 $12.6 \times 10^{-3} cm^3/g$，棕榈壳半焦的总孔容为煤粉的10倍多，煤粉的平均孔径为15.2nm，是棕榈壳半焦（2.7nm）的7倍，说明棕榈壳半焦颗粒内部的孔隙结构比煤粉发达许多。一般情况下，比表面积大，反应时颗粒与空气接触的面积就大，可以促进燃烧反应进行，使得棕榈壳半焦的燃烧反应性明显大于煤粉[23]。

表4-8 棕榈壳半焦和煤粉 N_2 吸附结果

样 品	比表面积/$m^2 \cdot g^{-1}$	总孔容/$cm^3 \cdot g^{-1}$	平均孔径/nm
棕榈壳半焦	201.5	136.8×10^{-3}	2.7
煤粉	3.3	12.6×10^{-3}	15.2

利用 X 射线衍射和拉曼光谱分析了棕榈壳半焦和煤粉的碳结构的差异，图

4-17所示为棕榈壳半焦和煤粉的 X 射线衍射图谱，从图中可以看出，煤粉的（002）峰对应的衍射角度大于棕榈壳半焦，并且煤粉的（002）峰比棕榈壳半焦的峰更窄更尖，表 4-9 为计算得到的棕榈壳半焦和煤粉的微晶结构参数，棕榈壳半焦的微晶堆垛高度 L_c 和微晶堆砌层数 n 均小于煤粉，而微晶层片间距 d_{002} 大于煤粉，说明棕榈壳半焦的碳有序化程度和石墨化程度小于煤粉，导致棕榈壳半焦的燃烧反应性优于煤粉。

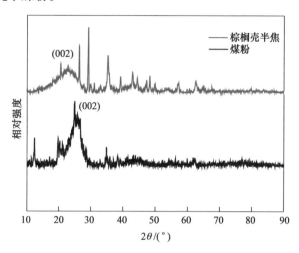

图 4-17　棕榈壳半焦和煤粉的 XRD 图谱

表 4-9　棕榈壳半焦和煤粉的微晶结构参数

项　目	角度/(°)	半高宽/(°)	L_c/nm	d_{002}/nm	n
棕榈壳半焦	23.41	7.52	1.066	0.379	3.80
煤粉	25.45	3.60	2.236	0.350	7.39

拉曼光谱是一项强大的检测技术，因为它不仅对晶体结构敏感，而且对分子结构也敏感，被广泛用于表征几乎所有碳质材料[24,25]。含碳材料的拉曼光谱通常分为一级区域和二级区域，对于完美的石墨，在一级区域中仅有一个出现在 $1580cm^{-1}$ 处的峰（称为 G 峰），这对应于在石墨晶体的芳族层中具有 E_{2g} 对称性的拉伸振动模式。对于高度无序的碳，由微晶格中的缺陷引起的附加峰出现在 $1150cm^{-1}$、$1350cm^{-1}$、$1530cm^{-1}$ 和 $1620cm^{-1}$ 的一级区域内[26]。$1350cm^{-1}$ 处的峰（D_1）通常称为缺陷峰，对应于具有 A_{1g} 对称性的石墨晶格振动模式，并归因于面内缺陷，如缺陷和杂原子[27]。当 D_1 峰存在时，总是出现位于 $1620cm^{-1}$ 的峰（D_2峰），其强度随着有序度的增加而降低[28]。位于 $1530cm^{-1}$ 处的峰（D_3峰）通常是出现在 $1500\sim1550cm^{-1}$ 左右的非常宽的带，被认为源自无定形 sp^2 键杂化产生的碳，例如有机分子、片段或官能团，存在于组织不良的材料结构中[29]，它

可能和反应位点、碳的反应性有关。位于 $1150cm^{-1}$ 处的峰（D_4 峰）出现在有序性非常差的材料中，例如烟灰和煤焦[30]，它的归属仍然存在争论。

图 4-18 所示为棕榈壳半焦和煤粉的拉曼光谱，从图中看出，煤粉的 G 峰和 D 峰的强度大于棕榈壳半焦。通过 Peakfit 分峰拟合软件将棕榈壳半焦和煤粉的拉曼光谱峰分为 1 个洛伦兹峰（G）和 4 个高斯峰（D_1、D_2、D_3、D_4），拟合精度达到 0.99 以上，拟合结果如图 4-19 的半高宽（FWHM-G）、D 峰和 G 峰之间的波谷 V 和 G 峰的强度比（I_V/I_G）、G 峰面积与所有峰面积总和的比值（A_G/A_{all}）和碳结构的有序度有很好的相关性[30,31]，被广泛用来研究表征碳质材料的碳结构。通过拟合结果计算出的拉曼特征参数如图 4-20 所示，棕榈壳半焦的 FWHM-G 和 I_V/I_G 均大于煤粉，而棕榈壳半焦的 A_G/A_{all} 小于煤粉，这些结果说明棕榈壳半焦的碳结构有序化程度和石墨化程度小于煤粉，从而导致棕榈壳半焦的燃烧反应性优于煤粉，和 X 射线衍射分析的结果一致。

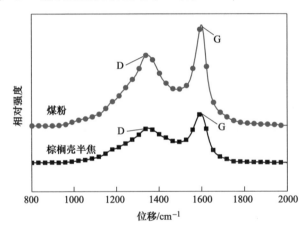

图 4-18　棕榈壳半焦和煤粉的拉曼光谱

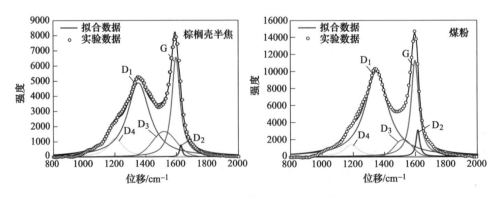

图 4-19　棕榈壳半焦和煤粉拉曼图谱分峰拟合曲线和实验曲线对比

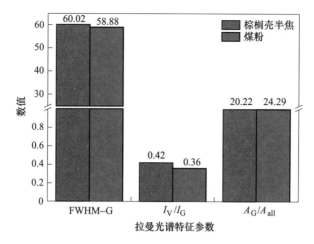

图 4-20 棕榈壳半焦和煤粉拉曼图谱特征参数对比

4.3.3 生物质半焦/煤粉混合燃烧动力学分析

4.3.3.1 动力学模型

本节采用两种比较常用的气固反应动力学模型来研究棕榈壳半焦、煤粉及其混合物的燃烧动力学过程，两种模型分别为随机孔模型（RPM）和体积模型（VM）。

（1）随机孔模型。随机孔模型由 Bhatia 和 Perlmutter 在 1980 年提出，考虑了反应颗粒的孔隙结构及其在反应过程中的演变，该模型假定颗粒表面存在的大部分孔是孔径不一的圆形柱状孔，颗粒与气相之间的化学反应发生在这些孔表面，并且反应速率的大小取决于有效接触面积的多少，即孔表面层叠程度的大小。其动力学方程式描述如下：

$$\frac{\mathrm{d}\alpha}{\mathrm{d}t} = k_{\mathrm{RPM}}(1 - \alpha)\sqrt{1 - \psi\ln(1 - \alpha)} \tag{4-6}$$

（2）体积模型。该模型比较简单，假设反应过程中反应颗粒的尺寸不随反应过程的进行发生改变，但是反应物密度是线性变化，即燃烧反应速率和颗粒大小无关，并假设反应为一级反应，其动力学方程式描述如下：

$$\frac{\mathrm{d}\alpha}{\mathrm{d}t} = k_{\mathrm{VM}}(1 - \alpha) \tag{4-7}$$

式中 k_{VM} ——体积模型的反应速率常数，s^{-1}；

       k_{RPM} ——随机孔模型的反应速率常数，s^{-1}；

       ψ ——反应颗粒的结构尺寸，其表达式为 $\psi = 4\pi L_0(1 - \varepsilon_0)/S_0^2$，$L_0$、$S_0$、

          ε_0 分别为 $t=0$ 时单位体积孔长、反应比表面积、颗粒的孔隙率。

将式（4-3）和式（4-4）与式（3-3）、式（3-4）结合，得到：

$$\alpha = 1 - \exp\left\{-\left[A_0 \frac{T-T_0}{\beta}\exp\left(-\frac{E}{RT}\right)\right]\left[1 + A_1 \frac{T-T_0}{4\beta}\exp\left(-\frac{E}{RT}\right)\right]\right\} \quad (4\text{-}8)$$

$$\alpha = 1 - \exp\left[-k_0 \frac{T-T_0}{\beta}\exp\left(-\frac{E}{RT}\right)\right] \quad (4\text{-}9)$$

其中，$A_0 = \dfrac{k_0 C^n S_0}{1-\varepsilon_0}$，$A_1 = \dfrac{4\pi L_0 k_0 C^n}{S_0}$。

根据式（4-5）和式（4-6），将实验得到的 α 和 T 之间的数学关系式进行非线性拟合，从而求解动力学参数 k_0、E、ψ，并将计算得到的燃烧反应转化率与实验得到的数据进行对比，检验两种动力学模型描述棕榈壳半焦和煤粉混合燃烧反应动力学过程的准确性；同时利用式（4-7）计算不同动力学模型得到的所有转化率计算值和实验值之间的误差，用来衡量两种动力学模型的精确度。

$$DEV(\alpha) = 100 \times \frac{\left[\sum_{i=1}^{N}(\alpha_{\exp,i} - \alpha_{\mathrm{calc},i})^2/N\right]^{1/2}}{\max(\alpha)_{\exp}} \quad (4\text{-}10)$$

式中　　$DEV(\alpha)$——相对误差，%；

　　　　$\alpha_{\exp,i}$——转化率的实验值；

　　　　$\alpha_{\mathrm{calc},i}$——转化率的计算值；

　　$\max(\alpha)_{\exp}$——最大转化率，一般值约为 1；

　　　　N——实验点数。

4.3.3.2　燃烧动力学拟合结果

根据随机孔模型和体积模型计算得到的试样燃烧动力学参数 E、k_0 和 ψ 见表 4-10，拟合结果的相关系数 R^2 大于 0.9969，说明两种模型的拟合效果都很好，但

表 4-10　RPM 和 VM 模型计算的燃烧动力学参数

棕榈壳半焦配加量/%	RPM				VM		
	$E/\mathrm{kJ \cdot mol^{-1}}$	$k_0/\mathrm{s^{-1}}$	ψ	R^2	$E/\mathrm{kJ \cdot mol^{-1}}$	$k_0/\mathrm{s^{-1}}$	R^2
0	116.3	2791.5	6.91	0.9986	143.3	263717.0	0.9980
20	121.8	15500.3	5.09×10^{-15}	0.9993	121.8	15500.3	0.9993
40	94.4	403.6	7.51×10^{-16}	0.9982	94.4	403.6	0.9981
60	90.2	361.0	2.14×10^{-21}	0.9969	90.2	361.0	0.9969
80	102.5	4471.8	2.75×10^{-14}	0.9974	102.5	4471.8	0.9974
100	113.3	40613.0	0.21	0.9988	116.6	74379.6	0.9988

随机孔模型的拟合结果要略好于体积模型，因为随机孔模型拟合的相关系数 R^2 大于体积模型。根据随机孔模型的拟合结果，样品的活化能在 90.2～121.8kJ/mol 之间，随棕榈壳半焦配加比例的增加，混合物的活化能呈现先减小后增加的趋势，在棕榈壳半焦添加量为 60% 时达到最小值 90.2kJ/mol，表明煤粉中添加棕榈壳半焦后，混合过程的活化能减小。

利用动力学模型拟合计算得到的活化能和加权平均的活化能对比如图 4-21 所示，图中的虚线是棕榈壳半焦和煤粉活化能的加权平均值，可以看出，混合物的活化能低于棕榈壳半焦和煤粉单独燃烧的活化能，随着棕榈壳半焦配加量增加，混合物的活化能并没有呈现线性加和性，这个现象也证实了棕榈壳半焦和煤粉的混合燃烧过程存在协同作用。Barbanera 等人[32]研究发现固体废弃物和木炭的混合燃烧过程的活化能同样没有加和性，Wang 等人[18]研究生物质和低阶煤粉的混合燃烧动力学时，也发现了同样的变化规律。

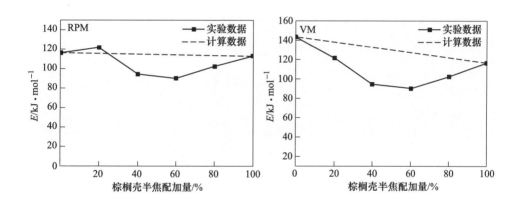

图 4-21　实验活化能和加权平均活化能对比

两种模型在描述反应过程时进行了不同的假设，在数据处理中会引进一系列的误差，为了定量比较两种模型在描述棕榈壳半焦、煤粉及其混合物燃烧过程的优劣，筛选出最为合适的动力学模型，将拟合得到的动力学参数分别代入式（4-8）和式（4-9），将 4 个升温速率下反应转化率计算值与反应温度间的变化关系与实验测得的实际曲线进行对比分析，结果如图 4-22 所示。从图中可以清楚看出，随机孔模型与体积模型计算曲线与实验曲线几乎重合，除去棕榈壳半焦和煤粉单独燃烧的曲线，随机孔模型和体积模型的计算结果几乎一样，是因为 ψ 的数值几乎为 0，这种情况下，随机孔模型预测的样品反应性随转化率是线性下降的，和体积模型一致。因此，两种模型都可用来预测棕榈壳半焦和煤粉的混合燃烧过程，但是对于燃烧过程中存在单一物质的棕榈壳半焦和煤粉，随机孔模型的拟合效果更佳。

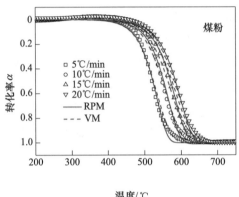

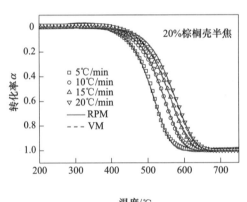

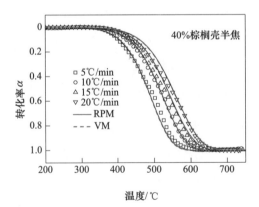

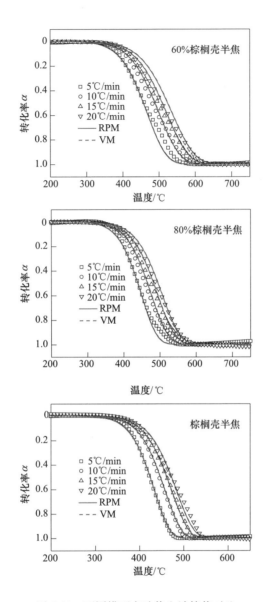

图 4-22　不同模型实验值和计算值对比

利用式（4-7）计算出随机孔模型和体积模型拟合的具体误差，见表 4-11。随机孔模型和体积模型的相对误差都小于 3%，说明两种模型的拟合效果都比较好，而随机孔模型的误差最小，表明随机孔模型是用来描述棕榈壳半焦、煤粉及其混合物的燃烧过程的最优模型，能够较好地适用于棕榈壳半焦和煤粉及其混合物在不同升温速率下的动力学行为。

表 4-11　燃烧动力学模型计算值与实验值的相对误差

棕榈壳半焦配加量/%	$DEV(\alpha)/\%$	
	RPM	VM
0	1.820	2.066
20	1.260	1.260
40	1.986	1.986
60	2.547	2.547
80	2.406	2.406
100	1.551	1.569

4.4　生物质半焦未燃残炭对高炉焦炭与炉渣性能的影响研究

由风口喷吹进入高炉后的煤粉，大部分会在风口前被燃烧掉，另有一部分不能燃烧掉而形成未燃煤粉，这一部分未燃煤粉或参与各类物理化学反应或随炉渣被排出炉外或随炉顶煤气逸出炉外。通过煤粉在高炉风口前燃烧行为的分析可以知道，生物质半焦和煤粉混合物在风口回旋区的燃烧过程与单纯喷吹煤粉相似，首先发生热解及燃烧反应形成未燃残炭；而后残炭与 CO_2 发生气化反应，未完全反应的部分进入高炉料柱，参与渣铁之间的反应。部分未燃残炭会附着在焦炭表面，可能会对焦炭的碳素熔损反应产生一定的影响，从而削弱焦炭作为高炉骨架的作用；部分未燃残炭上升过程中会进入炉渣，在炉渣中沉积，这是未燃残炭在高炉内一条重要的消耗途径，未燃残炭的存在会对炉渣的黏度等性能产生影响。生物质半焦和煤粉不同的燃烧率和灰成分会导致风口回旋区产生的未燃残炭有所不同。因此，有必要研究生物质半焦/煤粉混合喷吹后产生的未燃残炭对高炉焦炭的气化反应和炉渣黏度的影响。

4.4.1　未燃残炭对焦炭气化反应的影响

焦炭作为高炉炼铁中不可或缺的燃料，在高炉炼铁工艺中发挥着十分重要的作用，焦炭在高炉内的作用主要分为：（1）还原剂；（2）发热剂；（3）渗碳剂；（4）骨架作用，其中最重要且不能被其他物质取代的是骨架作用。在高喷煤比条件下，焦炭的骨架作用更加突出，对焦炭的质量要求也越来越高。本节选用 4.3 节混合燃烧使用的 600℃ 热解制得到的棕榈壳半焦，通过热重分析法对未燃残炭和焦炭的共气化反应展开研究，分析未燃残炭对焦炭气化反应的影响。

4.4.1.1 实验设备和方法

目前，还无法从高炉中获取未燃煤粉，所以在实验室条件下制备未燃残炭，使用的实验设备为北京中科北仪科技有限公司生产的 ZK-16XQ-1700 型可通气马弗炉，如图 4-23 所示。

图 4-23　制备未燃残炭设备

为了对比分析棕榈壳半焦喷吹后对高炉内焦炭的影响，实验制备了两组未燃残炭，一组为阳泉无烟煤，一组为棕榈壳半焦和阳泉无烟煤的混合物，棕榈壳半焦的配加比例为 20%，制取过程为分别称取 5g 煤粉和棕榈壳半焦与煤粉的混合物，均匀平铺到氧化铝瓷舟里，放入马弗炉炉膛内，设置升温程序后，以 1L/min 的流量通入氮气，先将马弗炉中的空气排净，随后开始升温，实验过程中全程通入氮气进行保护，两组试样随炉升温至 1200℃，并在 1200℃ 温度下干馏 1h，去除煤粉中的挥发分，随后停止加热，试样随炉冷却到室温后取出，得到未燃残炭。将两种未燃残炭分别定义为 1 号残炭和 2 号残炭。

实验选取的焦炭为某钢厂高炉所用焦炭，其成分分析见表 4-12，将焦炭进行磨样、筛分，筛取粒度 0.074mm 以下的焦炭颗粒备用，为了研究未燃残炭对焦炭气化反应的影响，将两种未燃残炭分别以质量分数 10% 的比例和焦炭混合，用玛瑙研钵研磨 10min 至混合均匀。对焦炭、残炭和焦炭与残炭的混合物进行气化反应实验，实验在 HCT-3 型热重分析仪上进行，实验系统自动连续采样，记录实验数据并绘制出失重曲线，每次实验用氧化铝坩埚称取 5mg 试样放于差热天平上，以 5℃/min 的升温速率从室温升至 1300℃，实验过程中通入 CO_2，流量为 60mL/min，记录每组实验数据，并绘制曲线进行分析。试样气化反应过程中的转化率 α 由失重曲线记录的数据计算得到，其定义如式（3-1）所示。

表 4-12　焦炭和未燃残炭的工业分析　　　　　　　（%）

样　品	M_{ad}	V_{ad}	A_{ad}	FC_{ad}
焦炭	0.74	1.50	11.14	86.62
煤粉	0.84	7.90	12.32	78.94
1 号残炭	0.92	1.25	13.59	84.24
2 号残炭	0.84	1.27	13.47	84.42

4.4.1.2　样品性能分析

　　焦炭和制备得到的未燃残炭的成分分析见表 4-12，焦炭和两种残炭的化学成分含量很接近，焦炭的挥发分含量很低，干馏过程中，煤粉、棕榈壳半焦和煤粉的混合物在氮气气氛条件下挥发分逐渐析出，经过干馏处理后得到的未燃残炭的挥发分有明显的降低，同时，灰分和固定碳含量增加。

　　通过扫描电镜，将煤粉和经过高温干馏处理后得到的未燃残炭的微观形貌进行对比，图 4-24 所示为放大 2000 倍的原煤和未燃残炭的微观形貌。从图中可以看出，原煤和未燃残炭主要以颗粒形态存在，原煤表面光滑，结构较为紧密，没有明显的孔隙和裂纹；而经过高温干馏处理后的未燃残炭，由于处理过程中挥发分逸出，会在表面形成些许裂纹，表面也没有原煤光滑，变得比较粗糙，还附着了一些细小的颗粒或碎屑。

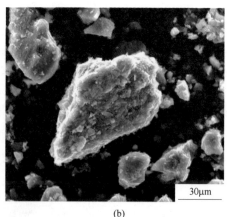

（a）　　　　　　　　　　　　　　（b）

图 4-24　原煤与未燃残炭的电镜图片对比
（a）煤粉；（b）未燃残炭

图4-25所示为焦炭和两种未燃残炭分别放大500倍和3000倍的微观形貌对比。从图中可以看出，焦炭和未燃残炭都是以颗粒形式存在，焦炭表面比较粗糙，并且附着了一些细小的碎片状的物质。1号残炭表面附着了一些细小的颗粒，

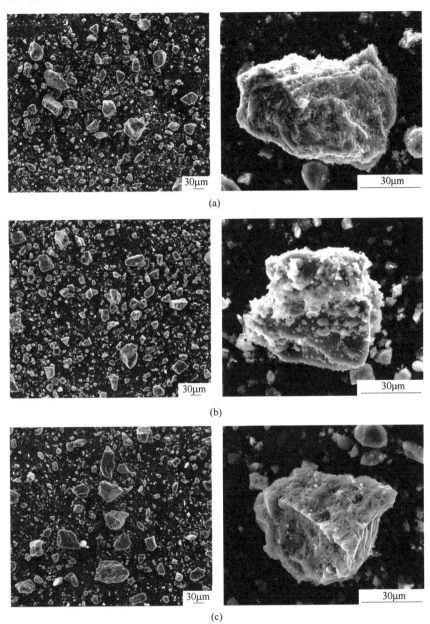

图4-25 焦炭和未燃残炭的电镜图片对比

（a）焦炭；（b）1号残炭；（c）2号残炭

还有一些球状颗粒，但是表面没有明显的孔隙和裂纹。2号残炭是棕榈壳半焦和煤粉的混合物干馏后得到。可以看出，2号残炭明显存在两种颗粒，一种是煤粉干馏后得到的颗粒；另一种是棕榈壳半焦干馏后得到的颗粒，表面有很多明显的孔洞。棕榈壳半焦是棕榈壳经过热解后制得，孔隙发达，经过干馏后，棕榈壳半焦颗粒的一些小孔隙融合形成较大的孔隙，并且在表面附着了很多和1号残炭类似的球状颗粒。

对残炭表面附着的球状颗粒进行能谱分析，结果如图4-26所示，可以看出，球状颗粒的主要元素成分为 C、Si、Ca、O，其中 C 的质量分数为 61.35%，Si 的质量分数为 4.54%，Ca 的质量分数为 3.67%，O 的质量分数为 8.05%，可以认为球状颗粒是灰分经过高温处理后析出并附着在残炭颗粒表面。

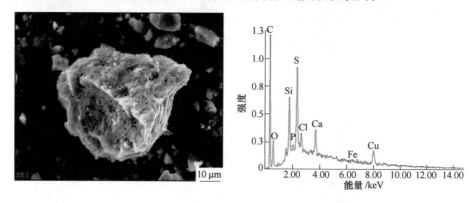

图 4-26　未燃残炭表面球状颗粒能谱分析结果

碳结构一直被认为是影响焦炭气化反应性的重要因素[32]，因此对焦炭、1号残炭和2号残炭样品进行了 X 射线衍射分析，结果如图4-27所示，焦炭的（002）

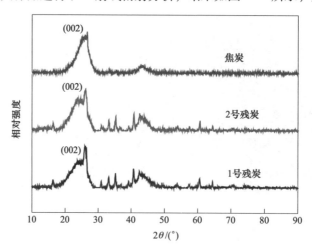

图 4-27　焦炭、1 号残炭和 2 号残炭的 X 射线衍射图谱

峰比两种残炭的（002）峰窄，通过计算得到焦炭、1号残炭和2号残炭的微晶层片间距 d_{002} 分别为 0.345nm、0.753nm 和 0.770nm，微晶层片平均堆垛高度 L_c 分别为 2.717nm、2.380nm 和 2.203nm，因此，焦炭的碳有序度大于两种残炭，并且1号残炭的碳有序度大于2号残炭。

4.4.1.3 未燃残炭对焦炭气化特性的影响

对比分析原煤和1号残炭的气化反应曲线，如图4-28所示。从图中可以看出，经过高温干馏处理后的残炭的气化曲线明显向高温区移动，说明对比煤粉，残炭的气化反应更不易发生，高温干馏处理降低了残炭的气化反应性，4.4.1节微观形貌分析得到的结果是残炭的结构没有煤粉紧密，随着挥发分的逸出，在颗粒表面形成了少许孔隙和裂纹，有利于 CO_2 和颗粒的接触，促进了气化反应进行，但经过高温干馏处理后，相对于煤粉，残炭的石墨化程度增加，不定形碳结构减少，从而导致未燃残炭的反应活性降低。

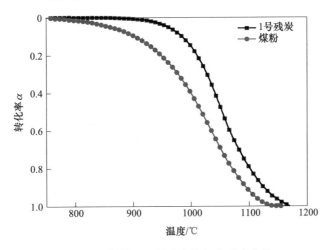

图4-28　煤粉和1号残炭的气化反应曲线

焦炭与两种未燃残炭和 CO_2 的反应曲线如图4-29所示，随着温度升高，样品开始失重，气化反应逐渐进行，相比于焦炭的失重曲线，未燃残炭的失重曲线处于低温区，这说明残炭的气化反应相比焦炭更容易发生，达到相同转化率，焦炭所需的温度大于两种残炭。对比两种残炭发现，2号残炭的气化失重曲线相比于1号残炭的气化反应失重曲线向低温区移动，2号残炭的气化反应相对于1号残炭更容易发生。这可能是由三个原因所导致：一是碳结构的差异，X射线衍射分析结果表明，1号残炭的碳有序度要大于2号残炭；二是微观结构的差异，微观形貌分析结果表明，2号残炭颗粒表面存在大量的孔结构，比1号残炭发达，有利于反应过程中和 CO_2 接触；三是棕榈壳半焦中带入的碱金属和碱土金属氧化物

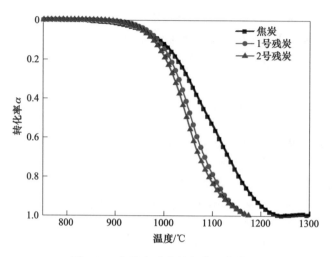

图 4-29　焦炭和残炭的气化反应曲线

对 2 号残炭的气化反应会有催化作用。

　　图 4-30 所示为焦炭和残炭混合物与焦炭的气化失重曲线的对比分析。从图中可以看出，和焦炭的失重曲线对比，焦炭和残炭混合物的失重曲线向低温区移动，说明添加未燃残炭后焦炭的气化反应在较低温度便能发生，残炭的加入催化了焦炭的气化反应；但是从图中还可以看出，3 条失重曲线的区别并不大，说明虽然残炭加入催化了焦炭的气化反应，但是催化作用并不明显。

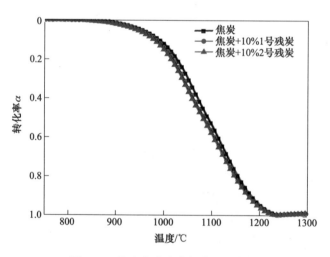

图 4-30　焦炭和残炭共气化反应曲线

　　利用 4.3.2 节介绍的方法计算各组气化反应实验的特征参数，结果见表 4-13 和图 4-31，气化反应特征参数可以直观具体表征试样的气化反应特性，从计算所得数据可以看出，焦炭的气化反应结束温度 T_f 和最大失重速率温度 T_m 均大于两种残炭，但是焦炭的反应性指数 $R_{0.5}$、综合反应特性指数 S 和点燃指数 C 均小于两种残炭，这说明焦炭的气化反应性小于两种残炭。同时，对比两种残炭，可以发现，2 号残炭的气化反应开始温度 T_i、气化反应结束温度 T_f 和最大失重速率温度 T_m 均小于 1 号残炭；但是 2 号残炭的反应性指数 $R_{0.5}$、综合反应特性指数 S 和点燃指数 C 均大于 1 号残炭，这些数据表明，2 号残炭的气化反应性大于 1 号残炭。

表 4-13 试样气化反应特征参数

样 品	$T_i/\text{℃}$	$T_m/\text{℃}$	$T_f/\text{℃}$	$R_{0.5}/\text{s}^{-1}$	S $/\text{s}^{-2} \cdot \text{℃}^{-3}$	C $/\text{s}^{-1} \cdot \text{℃}^{-2}$
1 号残炭	961	1051	1158	3.95×10^{-5}	1.36×10^{-16}	7.79×10^{-10}
2 号残炭	951	1049	1151	3.99×10^{-5}	1.38×10^{-16}	7.99×10^{-10}
焦炭	953	1093	1217	3.82×10^{-5}	1.08×10^{-16}	4.51×10^{-10}
焦炭+10%1 号残炭	948	1078	1214	3.85×10^{-5}	1.11×10^{-16}	4.58×10^{-10}
焦炭+10%2 号残炭	940	1072	1209	3.86×10^{-5}	1.16×10^{-16}	4.70×10^{-10}

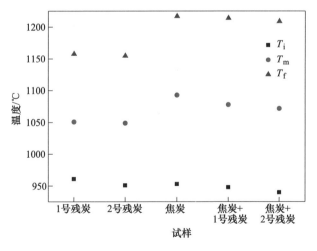

图 4-31 不同试样 T_i、T_m 和 T_f 对比

对比焦炭和分别加入了两种残炭的混合试样的气化特征参数，焦炭+1 号残炭和焦炭+2 号残炭的气化反应开始温度 T_i、气化反应结束温度 T_f 和最大失重速率温度 T_m 均小于焦炭，同时焦炭+1 号残炭和焦炭+2 号残炭的反应性指数 $R_{0.5}$、综合反应特性指参数 S 和点燃指数 C 均大于焦炭，这些数据表明，焦炭和残炭混合物的气化反应性优于焦炭，添加 10% 的未燃残炭催化了焦炭的气化反应。对比焦炭+1 号残炭和焦炭+2 号残炭的特征参数，焦炭+1 号残炭的气化反应开始温

度 T_i 为 948℃，大于焦炭+2 号残炭试样；焦炭+1 号残炭和焦炭+2 号残炭气化反应结束温度 T_f 和气化最大温度 T_m 分别为 1214℃、1209℃和 1078℃、1072℃，焦炭+1 号残炭试样略低于焦炭+2 号残炭试样，同时，焦炭+1 号残炭的反应性指数 $R_{0.5}$、综合反应特性指数 S 和点燃指数 C 均小于焦炭+2 号残炭，这说明 2 号残炭对焦炭气化反应的催化作用大于 1 号残炭。从图 4-31 可以看出，加入两种未燃残炭的焦炭的气化特征参数相比焦炭的变化幅度不是很大，说明未燃残炭对焦炭气化反应的催化作用并不明显，而且对比两种未燃残炭的特征参数，其差异也并不大，这说明加入棕榈壳半焦后加强了未燃残炭对焦炭气化反应的催化作用，但是增强幅度并不大。

4.4.1.4 未燃残炭对焦炭气化反应动力学的影响

根据 4.3.3 节介绍的确定反应机理函数和计算动力学参数的方法，对焦炭和添加未燃残炭的混合气化反应进行动力学分析，求解准确描述焦炭气化反应动力学过程的机理函数和动力学参数。

通过拟合分析得到的不同机理函数计算的相关系数，结果见表 4-14，从表中可以看出，$A_{3/2}$ 模型是描述焦炭气化反应的最佳模型，加入两种未燃残炭后的焦炭气化反应可以用 A_1 模型来描述，但是整体来说，$A_{3/2}$ 模型在 3 组实验中的相关系数都大于 0.99，相关系数是几组模型中最大的，所以可以认为，$A_{3/2}$ 模型是本实验中描述焦炭气化反应的最佳模型，其反应机理函数为：

$$f(\alpha) = \frac{3}{2}(1 - \alpha)\left[- \ln(1 - \alpha) \right]^{\frac{1}{3}} \tag{4-11}$$

表 4-14 不同动力学模型拟合计算的相关系数

样品	A_1	A_2	A_3	A_4	$A_{3/2}$	O_2	O_3	R_2	R_3	D_1	D_2	D_3	D_4	最大 R^2	模型
1号	0.952	0.995	0.993	0.991	0.996	0.771	0.794	0.976	0.985	0.949	0.968	0.987	0.975	0.996	$A_{3/2}$
2号	0.993	0.991	0.987	0.983	0.992	0.782	0.805	0.968	0.979	0.937	0.959	0.981	0.968	0.993	A_1
3号	0.994	0.992	0.990	0.985	0.993	0.770	0.794	0.972	0.981	0.943	0.963	0.984	0.971	0.994	A_1

注：1 号为焦炭，2 号为焦炭+10% 1 号残炭，3 号为焦炭+10% 2 号残炭。

该模型的机理是随机成核和随后生长（Aveami-Erofeev 方程），通过 4.3.3 节介绍的动力学方法，利用上述模型计算得到的各组气化反应的动力学参数见表 4-15，焦炭气化反应的活化能为 140.1kJ/mol，添加了 10%的 1 号残炭和 2 号残炭的焦炭气化反应的活化能分别为 137.3kJ/mol 和 133.8kJ/mol, 加入未燃残炭使得焦炭气化反应的活化能降低, 这说明未燃残炭催化了焦炭的气化反应, 2 号残炭的催化作用略大于 1 号残炭, 与上一节的结论一致。

表 4-15 样品气化反应动力学参数

样 品	lnA/s^{-1}	$E/kJ \cdot mol^{-1}$
1 号	4.9	140.1
2 号	4.7	137.3
3 号	4.4	133.8

注: 1 号为焦炭, 2 号为焦炭+10% 1 号残炭, 3 号为焦炭+10% 2 号残炭。

通过上述的计算分析, 得到了本实验中焦炭气化反应的活化能、指前因子和最佳机理函数, 从而可以确定描述焦炭气化反应的动力学模型, 焦炭和加入两种未燃残炭后的气化反应动力学过程的描述如下:

$$\frac{d\alpha}{dt} = 2.233 \times 10^3 \exp\left(-\frac{140079.4}{RT}\right)(1-\alpha)\left[-\ln(1-\alpha)\right]^{\frac{1}{3}} \qquad (4\text{-}12)$$

$$\frac{d\alpha}{dt} = 1.914 \times 10^3 \exp\left(-\frac{137319.1}{RT}\right)(1-\alpha)\left[-\ln(1-\alpha)\right]^{\frac{1}{3}} \qquad (4\text{-}13)$$

$$\frac{d\alpha}{dt} = 1.430 \times 10^3 \exp\left(-\frac{133776.0}{RT}\right)(1-\alpha)\left[-\ln(1-\alpha)\right]^{\frac{1}{3}} \qquad (4\text{-}14)$$

通过以上分析可以得出结论: 未燃残炭的气化反应性大于焦炭, 棕榈壳半焦增强了未燃残炭的气化反应性, 未燃残炭附着在焦炭表面, 将优先与 CO_2 发生反应, 可以对焦炭起到一定的保护作用; 同时, 未燃残炭对焦炭气化反应的催化作用并不明显, 不会造成焦炭质量的进一步劣化。

4.4.2 未燃残炭对高炉渣黏度的影响

高炉喷煤产生的未燃煤粉在高炉内随气流上升, 会有部分的未燃煤粉进入炉渣中, 使炉渣的黏度和性能发生改变, 从而影响高炉冶炼, 因此, 本节主要研究棕榈壳半焦喷吹后产生的未燃残炭对炉渣黏度产生的影响。

4.4.2.1 实验设备和方法

在实验条件下, 使用分析纯试剂 CaO (纯度 ≥ 98.0%)、SiO_2 (纯度 ≥ 99.0%)、MgO (纯度 ≥ 98.5%)、Al_2O_3 (纯度 ≥ 99.0%) 配制四元系炉渣, 保持炉渣碱度和渣中 4 种氧化物的含量不变, 添加不同质量、不同成分的未燃残炭, 研究未燃残炭对四元系炉渣黏度的影响规律, 配备炉渣的具体成分含量和配比方案见表 4-16 和表 4-17。

表 4-16 炉渣化学成分和配比方案 （%）

编号	CaO	SiO$_2$	MgO	Al$_2$O$_3$	炉渣	1 号残炭	2 号残炭
S0	40.86	37.14	8.0	14.0	100.0	—	—
S1	40.86	37.14	8.0	14.0	99.5	0.5	—
S2	40.86	37.14	8.0	14.0	99.0	1.0	—
S3	40.86	37.14	8.0	14.0	98.0	2.0	—
S4	40.86	37.14	8.0	14.0	99.0	—	1.0

表 4-17 每组实验试样的配加量 （g）

编号	CaO	SiO$_2$	MgO	Al$_2$O$_3$	1 号残炭	2 号残炭	总质量
S0	57.20	52.00	11.20	19.60	—	—	140.0
S1	56.92	51.74	11.14	19.50	0.7	—	140.0
S2	56.63	51.48	11.09	19.40	1.4	—	140.0
S3	56.06	50.96	10.98	19.21	2.8	—	140.0
S4	56.63	51.48	11.09	19.40	—	1.4	140.0

本实验测量试样的黏度采用旋转柱体法，使用的黏度设备为东北大学生产的 RTW-10 型熔体物性综合测定仪，该设备主要由计算机、黏度计、控制柜和带有 U 形 MoSiO$_2$ 加热棒的高温电阻炉组成，设备示意图如图 4-32 所示。刚玉炉管内

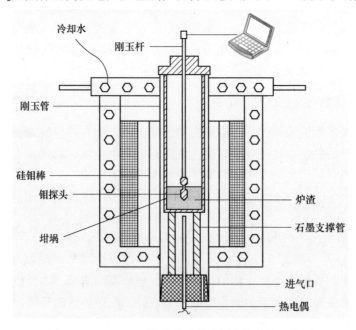

图 4-32 RTW-10 型熔体物性综合测定仪结构示意图

部直径为 53mm，炉管内的温度由电脑程序直接控制，使用两支铂铑热电偶（Pt-10%Rh/Pt）进行测温。

在测量实验开始之前，在室温下用分析试剂蓖麻油对黏度常数进行校准，将称量好的各组试样混合均匀后装入直径 39mm、高 60mm 的石墨坩埚内，将石墨坩埚放入炉内恒温区，设定程序使炉内温度以 10℃/min 升温至 1000℃，然后以 5℃/min 升温至 1520℃，保温 60min 保证渣样熔化均匀，反应过程全程通入高纯氩气（纯度≥99.999%，1L/min）进行保护并通入冷却水，达到预定温度后，采用定温测黏度的模式分别测定不同转速（100r/min、150r/min 和 200r/min）不同温度（1520℃、1510℃、1500℃、1490℃、1480℃ 和 1460℃）条件下的炉渣黏度。

4.4.2.2 温度对炉渣黏度的影响

实验测得的各组样品在不同温度不同转速条件下的黏度值见表 4-18，从表中数据可以看出，S0 组样品未添加未燃残炭的炉渣，属于均相熔体，其黏度值几乎不会随转速变化而变化，添加了未燃残炭的其他炉渣样品属于非均相熔体，这些炉渣的黏度值随温度和转速的不同均发生了变化。

表 4-18　实验样品在不同温度和转速条件下测定的黏度值　（dPa·s）

样品	转速/r·min⁻¹	温度/℃					
		1520	1510	1500	1490	1480	1460
S0	200	2.5854	2.7643	2.9148	3.0514	3.2948	3.6951
	150	2.5865	2.7658	2.9136	3.0586	3.2936	3.6983
	100	2.5887	2.7641	2.9128	3.0591	3.2933	3.6968
S1	200	2.8692	3.0245	3.1762	3.3753	3.5385	4.0299
	150	2.9583	3.1344	3.2984	3.4704	3.6277	4.0794
	100	3.0782	3.2286	3.3944	3.5493	3.7083	4.1235
S2	200	3.3332	3.5885	3.8571	4.1766	4.5134	5.3197
	150	3.4562	3.7288	4.0448	4.3945	4.7555	5.6839
	100	3.6983	4.0184	4.3825	4.7558	5.1787	6.0935
S3	200	6.9216	7.2818	7.7369	8.1205	8.5513	9.2843
	150	7.5892	7.992	8.3975	8.7818	9.1388	9.7837
	100	8.4531	8.7913	9.1463	9.4896	9.8506	10.4247
S4	200	3.2382	3.5315	3.8023	4.0741	4.4595	5.0581
	150	3.3821	3.6784	3.9916	4.2896	4.6611	5.3048
	100	3.6587	3.9373	4.2489	4.5828	4.8987	5.5513

Arrhenius[34]研究发现熔体的黏度与温度之间存在指数关系，用式（4-15）进行描述：

$$\eta = A\exp\left(\frac{E_\eta}{RT}\right) \tag{4-15}$$

式中 η ——黏度，Pa·s；

    A ——指前因子；

    E_η ——黏流活化能，J/mol；

    T ——绝对温度，K；

    R ——气体常数，J/（mol·K）。

式（4-15）两边取对数可得：

$$\ln\eta = \frac{E_\eta}{R}\frac{1}{T} + \ln A \tag{4-16}$$

根据表4-18中的黏度测定结果，将各组炉渣样品在不同条件下测得的黏度值的对数 $\ln\eta$ 与温度的倒数 $1/T$ 作图，结果如图4-33所示，从图中可以看出，5组炉渣样品在不同转速条件下的 $\ln\eta$ -$1/T$ 几乎都是一条直线，这个结果表明，5组炉渣样品在不同转速下的黏度与温度的关系均满足 Arrhenius 方程，这也说明无论对于均相熔体还是非均相熔体，Arrhenius 方程都是成立的。并且，从图中还可以明显看出，当转速相同时，炉渣的黏度随温度减小而增大。

图4-33（a）为不添加未燃残炭的炉渣即均相熔体的黏度在不同转速条件下随温度变化的规律，200r/min、150r/min、100r/min 三种转速的 $\ln\eta$ -$1/T$ 的三条线几乎重合，这说明，转速对均相熔体的黏度几乎没有影响，均相熔体属于牛顿流体。

图4-33（b）~（d）分别为添加不同比例1号残炭的炉渣黏度随温度的变化规律，当未燃残炭配加的质量分数较小时（0.5%），3种转速对应的曲线之间的距离较小，也就是说，不同转速的黏度之间的差值较小，随着未燃残炭添加比例的

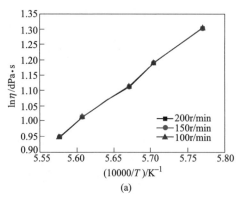

(a)

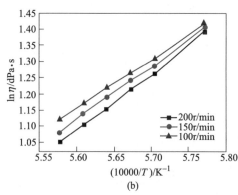

(b)

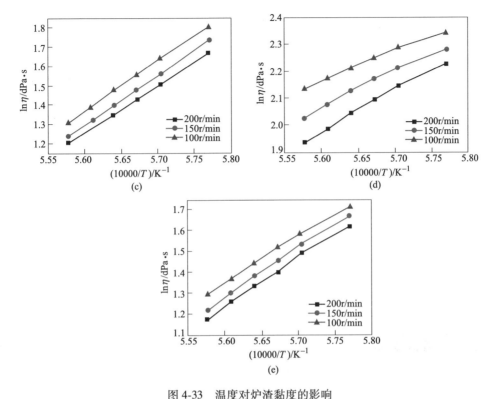

图 4-33　温度对炉渣黏度的影响

（a）S0：炉渣；（b）S1：炉渣+0.5% 1 号残炭；（c）S2：炉渣+1% 1 号残炭；

（d）S3：炉渣+2% 1 号残炭；（e）S4：炉渣+1% 2 号残炭

增加，3 条曲线之间的距离逐渐增加，这说明不同转速的黏度之间的差值逐渐增大，转速对炉渣黏度的影响越来越大，炉渣逐渐失去牛顿流体行为。因此，均相炉渣的黏度不会随转速的变化而变化，而非均相炉渣的黏度会随转速改变而变化，转速相同时，炉渣黏度随温度减小而增大。

4.4.2.3　未燃残炭含量对炉渣黏度的影响

图 4-34 所示为不同温度条件下炉渣黏度随添加到炉渣中的 1 号残炭质量分数的变化情况，从图中可以看出，在 3 种不同转速（200r/min、150r/min、100r/min）条件下，随着 1 号残炭质量分数的增加，炉渣黏度均呈现几乎线性的增长趋势。同一转速，不同温度时，炉渣黏度随 1 号残炭质量分数变化的趋势是相同的，说明炉渣内的未燃残炭质量分数是影响炉渣黏度的重要因素之一。从图中还可以看出，随着 1 号残炭质量分数增加，炉渣黏度的增大幅度变大，当炉渣中 1 号残炭含量为 2% 时，最大的炉渣黏度超过了 10dPa·s，因此，炉渣内的未燃残炭含量不宜过高。

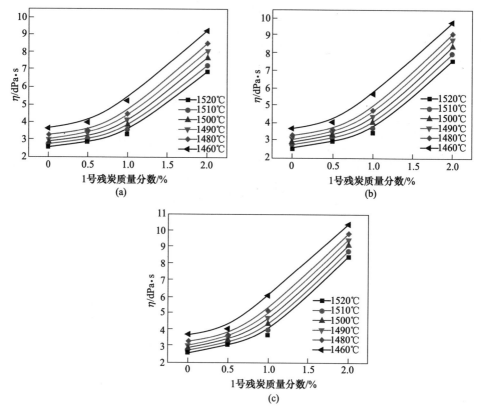

图 4-34　1 号残炭质量分数对炉渣黏度的影响

（a）200r/min；（b）150r/min；（c）100r/min

4.4.2.4　转速对炉渣黏度的影响

图 4-35 所示为炉渣黏度随转速的变化曲线，从图中同样可以看出，在温度相同时，随着未燃残炭质量分数的增加，炉渣黏度呈现了增加的趋势。在本实验测量的几个温度（1520℃、1510℃、1500℃、1490℃、1480℃和1460℃）条件下，除去未添加未燃残炭的基础炉渣，炉渣的黏度随转速减小而增大，在不同的未燃残炭质量分数条件下，也表现出了相同的现象。随着转速的增加，炉渣黏度逐渐降低，主要原因是添加了未燃残炭的炉渣是高温固-液混合熔体，随着转速的增加表现出剪切变稀熔体的性质，这说明转速也是影响非均相炉渣黏度的重要因素之一。

从图 4-35 中还可以看出，炉渣黏度随转速的变化幅度与未燃残炭的质量分数有关，随着 1 号残炭质量分数的增加，炉渣黏度随转速变化的幅度逐渐增大，这说明炉渣熔体内 1 号残炭越多，转速对炉渣黏度的影响越明显。并且，在本实验添加

1 号残炭的几种质量分数条件下，200～150r/min 的炉渣黏度的变化幅度小于 150～100r/min 的变化幅度，因为转速增加使得未燃残炭在炉渣中的分布更均匀。

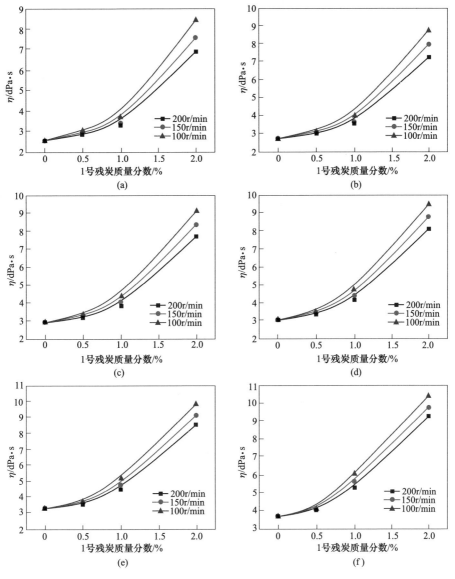

图 4-35　转速对炉渣黏度的影响

（a）1520℃；（b）1510℃；（c）1500℃；（d）1490℃；（e）1480℃；（f）1460℃

4.4.2.5　未燃残炭成分对炉渣黏度的影响

棕榈壳半焦和煤粉混合用于高炉喷吹后，离开风口回旋区的未燃残炭成分也会发生变化，因此，对比分析了加入棕榈壳半焦后形成的未燃残炭和煤粉形成的未燃残炭对炉渣黏度的影响区别。S2 和 S4 分别为加入 1% 1 号残炭和 2 号残炭的炉渣实验，对两组炉渣的黏度数值进行对比分析，结果如图 4-36 所示。从图中可以看出，两种未燃残炭都会使炉渣黏度增加，但增加幅度不同，当温度和转速相同时，加入 1 号残炭的炉渣黏度略大于加入 2 号残炭的炉渣黏度；在不同温度、不同转速条件下，可以发现相同的变化规律，这说明煤粉中加入棕榈壳半焦用于高炉喷吹，可以降低未燃残炭对炉渣黏度的增大幅度。

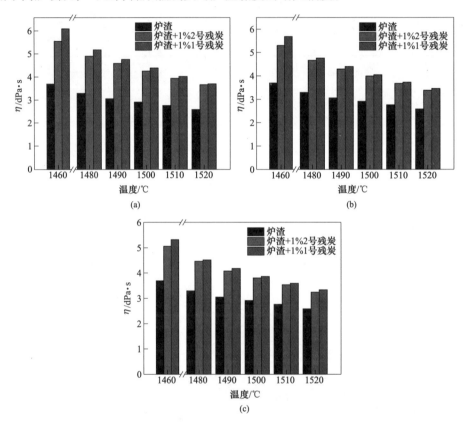

图 4-36　1 号残炭和 2 号残炭对炉渣黏度的影响对比
(a) 100r/min；(b) 150r/min；(c) 200r/min

　　两种未燃残炭都是固体颗粒，以固体质点形式存在于炉渣中，都使得炉渣的黏度增大，加入相同的质量分数时，两组炉渣的黏度存在差异，从煤粉和棕榈壳的灰分组成中发现，煤粉灰分中的主要物质是 SiO_2 和 Al_2O_3，其含量分别为 49.61% 和 37.30%，而棕榈壳灰分中 SiO_2 和 Al_2O_3 含量只有 1.95% 和 0.66%，棕榈壳灰分中的主要物质是 CaO 和 MgO，其含量分别为 25.86% 和 38.44%，而煤粉灰分中的 CaO 和 MgO 含量只有 3.51% 和 0.59%，2 号残炭的制备原料是 20%

的棕榈壳半焦和80%的煤粉，因此，2号残炭中 SiO_2 和 Al_2O_3 含量要低于1号残炭，但是 CaO 和 MgO 含量会有所增加。CaO 和 MgO 是碱性氧化物，可电离出大量的自由氧离子（O^{2-}）进入炉渣中，使炉渣中 O^{2-} 的活度增大，减少 $Al-O$ 阴离子团的聚合度，破坏它们的网状结构，形成简单的单、双四面体结构；同时，O^{2-} 增多可以使炉渣中复杂的硅氧复合阴离子 $Si_xO_y^{2-}$ 解体，从而降低炉渣的黏度[35]。针对硅酸盐熔渣，Zhang 等人[36]提出炉渣中氧以桥氧（O^0）、非桥氧（O^-）、自由氧（O^{2-}）三种方式存在，其中，自由氧（O^{2-}）存在于"MO"中，桥氧（O^0）存在于 SiO_2 中，而非桥氧（O^-）存在于 $2MO \cdot SiO_2$ 中。当熔渣中含有 Al_2O_3 时，MO 中 M 离子将对 Al^{3+} 进行电荷补偿，形成铝氧四面体单元，其中氧以 O^0 形式存在，同时，铝氧四面体可能进入硅氧四面体中，从而在炉渣中形成更复杂的铝硅酸盐网络结构。因此，炉渣中 Al_2O_3 含量增多会使得这种复杂的铝硅酸盐网络结构增多，从而提高炉渣黏度。

4.5 高炉混合喷吹生物质半焦和煤粉冶炼参数变化研究

为了分析高炉冶炼能量利用程度，人们通常通过计算的方法来确定实际的燃料比、焦比、煤气利用率等，为深入研究又通过物料平衡和热平衡计算、直接还原度计算、理论焦比计算乃至各种因素对焦比的影响发现问题，寻求进一步改善能量的利用途径。在高炉采用某些新技术措施，例如高风温、富氧、喷吹各种燃料时，用相当准确的计算可以预测冶炼效果，从而可以拟定出最适宜的冶炼制度。对于新的高炉流程来说，这种计算是高炉本体及其附属设备设计和选型的重要依据，也是钢铁企业运输和动力平衡的主要依据[37]。高炉混合喷吹棕榈壳半焦和煤粉之后，会对高炉冶炼过程造成一系列的影响，因此有必要研究高炉混合喷吹棕榈壳半焦和煤粉后对高炉冶炼参数的影响，为高炉冶炼新工艺的设计提供依据。

4.5.1 高炉冶炼物质与热量平衡模型建立

4.5.1.1 物料平衡计算

A 物料消耗量计算

为确定高炉冶炼过程中各种物料的消耗量，一般根据生铁成分要求的诸元素的平衡建立 Fe、P、Mn、V、Nb 等平衡方程[37]；根据炉渣碱度和造渣氧化物在炉渣中规定含量建立碱度平衡方程，然后联立求解。

Fe 平衡：

$$m_{Sin}w(Fe_{Sin}) + m_{Pel}w(Fe_{Pel}) + m_{Sol}w(Fe_{Sol}) + m_{Coke}w(Fe_{Coke}) + \\ m_{Coal}w(Fe_{Coal}) + m_{Bio}w(Fe_{Bio}) - m_{Dust}w(Fe_{Dust}) = 1000w(Fe_{Pig})/\eta_{Fe} \tag{4-17}$$

P 平衡：

$$m_{Sin}w(P_{Sin}) + m_{Pel}w(P_{Pel}) + m_{Sol}w(P_{Sol}) + m_{Coke}w(P_{Coke}) +$$
$$m_{Coal}w(P_{Coal}) + m_{Bio}w(P_{Bio}) = 1000w(P_{Pig})/\eta_P \tag{4-18}$$

碱度平衡：

$$[m_{Sin}w(CaO_{Sin}) + m_{Pel}w(CaO_{Pel}) + m_{Sol}w(CaO_{Sol}) + m_{Coke}w(CaO_{Coke}) +$$
$$m_{Coal}w(CaO_{Coal}) + m_{Bio}w(CaO_{Bio}) - m_{Dust}w(CaO_{Dust})]/[m_{Sin}w(SiO_{2\text{-}Sin}) +$$
$$m_{Pel}w(SiO_{2\text{-}Pel}) + m_{Sol}w(SiO_{2\text{-}Sol}) + m_{Coke}w(SiO_{2\text{-}Coke}) + m_{Coal}w(SiO_{2\text{-}Coal}) +$$
$$m_{Bio}w(SiO_{2\text{-}Bio}) - m_{Dust}w(SiO_{2\text{-}Dust}) - 2.14 \times [Si] \times 10] = R \tag{4-19}$$

式中，m_{Sin}、m_{Pel}、m_{Sol}、m_{Dust}、m_{Coke}、m_{Coal}、m_{Bio} 分别为烧结矿、球团矿、熔剂、炉尘、焦炭、喷吹煤粉和生物质半焦的用量，kg/t；$w(Fe_{Sin})$、$w(Fe_{Pel})$、$w(Fe_{Sol})$、$w(Fe_{Dust})$、$w(Fe_{Coke})$、$w(Fe_{Coal})$、$w(Fe_{Bio})$ 分别为烧结矿、球团矿、熔剂、炉尘、焦炭、煤粉和生物质半焦中铁含量，%；$w(P_{Sin})$、$w(P_{Pel})$、$w(P_{Sol})$、$w(P_{Dust})$、$w(P_{Coke})$、$w(P_{Coal})$、$w(P_{Bio})$ 分别为烧结矿、球团矿、熔剂、炉尘、焦炭、煤粉和生物质半焦中 P 含量，%；$w(CaO_{Sin})$、$w(CaO_{Pel})$、$w(CaO_{Sol})$、$w(CaO_{Dust})$、$w(CaO_{Coke})$、$w(CaO_{Coal})$、$w(CaO_{Bio})$ 分别为烧结矿、球团矿、熔剂、炉尘、焦炭、煤粉和生物质半焦中 CaO 含量，%；$w(SiO_{2\text{-}Sin})$、$w(SiO_{2\text{-}Pel})$、$w(SiO_{2\text{-}Sol})$、$w(SiO_{2\text{-}Dust})$、$w(SiO_{2\text{-}Coke})$、$w(SiO_{2\text{-}Coal})$、$w(SiO_{2\text{-}Bio})$ 分别为烧结矿、球团矿、熔剂、炉尘、焦炭、煤粉和生物质半焦中 SiO₂ 含量，%；[Fe]、[P]、[Si] 分别为生铁中 Fe、P 和 Si 的含量，%；η_{Fe} 和 η_P 分别为 Fe 和 P 在渣铁中的分配比；R 为炉渣碱度。

　　B　渣量和炉渣成分计算

　　根据元素在渣铁间的分配，计算被还原的氧化物和脱硫形成的硫化物等，其总量和即为渣量[37]：

$$w(SiO_2) = \sum m_i w(SiO_{2\text{-}i}) - 2.14 \times [Si] \times 10 \tag{4-20}$$

$$w(CaO) = \sum m_i w(CaO_i) \tag{4-21}$$

$$w(MgO) = \sum m_i w(MgO_i) \tag{4-22}$$

$$w(Al_2O_3) = \sum m_i w(Al_2O_{3\text{-}i}) \tag{4-23}$$

$$w(MnO) = [Mn] \times 10 \times \frac{71}{55} \times \frac{1 - \eta_{Mn}}{\eta_{Mn}} \tag{4-24}$$

$$w(FeO) = [Fe] \times 10 \times \frac{72}{56} \times \frac{1 - \eta_{Fe}}{\eta_{Fe}} \tag{4-25}$$

$$\frac{1}{2}w(S) = \{w(S_{Burden}) \times 0.95 - [S] \times 10\}/2 \tag{4-26}$$

$$m_{Slag} = w(SiO_2) + w(CaO) + w(MgO) + w(Al_2O_3) +$$

$$w(MnO) + w(FeO) + \frac{1}{2}w(S) \tag{4-27}$$

式中，m_i 为炉料的消耗量，kg/t；$w(SiO_2)$、$w(CaO)$、$w(MgO)$、$w(Al_2O_3)$、$w(MnO)$、$w(FeO)$ 分别为炉渣各氧化物的含量，kg/t；η_{Mn} 为 Mn 在渣铁中的分配系数；$w(S_{Burden})$ 为炉料带入的总硫量，kg/t；[S] 为铁水中硫的含量，%；m_{Slag} 为炉渣的生成量，kg/t。

将各氧化物的量除以总渣量即可得到其在炉渣中的含量或炉渣成分。

C 鼓风量计算

根据碳平衡求解风口燃烧的碳量，从而计算鼓风量。

$$m_{C-R} = m_{C-Coke} + m_{C-Coal} + m_{C-Bio} - m_{C-dFe} - m_{C-Si,Mn,P,S} - m_{C-Pig} \tag{4-28}$$

鼓风中氧的浓度为：

$$\beta_{O_2-B} = 0.21(1 - \phi_{H_2O}) + 0.5\phi_{H_2O} \tag{4-29}$$

风口前 C 燃烧所需鼓风量为：

$$V_B = [m_{C-R} \times 22.4/(2 \times 12) - m_{Coal}\beta_{O-Coal} - m_{Bio}\beta_{O-Bio}(22.4/16)]/\beta_{O_2-B} \tag{4-30}$$

式中，m_{C-R} 为风口前燃烧碳的质量，kg/t；m_{C-Coke}、m_{C-Coal}、m_{C-Bio}、m_{C-dFe}、$m_{C-Si,Mn,P,S}$、m_{C-Pig} 分别为焦炭、煤粉和生物质半焦的碳含量，铁直接还原消耗的碳，Si、Mn、P、S 直接还原消耗的碳和铁水的渗碳量，kg/t；β_{O_2-B} 为鼓风的氧含量，%；β_{O-Coal} 为煤粉氧含量，%；β_{O-Bio} 为生物质半焦氧含量，%。

D 炉顶煤气量及煤气成分

炉顶煤气的主要成分由 CO_2、H_2、CO、H_2O 和 N_2 组成，其中各组分的体积由以下公式计算得出：

$$V_{CO_2}^T = V_{CO_2}^{Fe_2O_3} + V_{CO_2}^{Fe} + V_{CO_2}^{Vol} \tag{4-31}$$

$$V_{H_2}^T = [V_B\phi_{H_2O} + (\frac{m_{Coal}\beta_{H-Coal} + m_{Bio}\beta_{H-Bio} + m_{Coke}\beta_{H-Coke}}{2} + \tag{4-32}$$

$$\sum m_i\beta_{i-H_2O}) \times 22.4] \times (1 - \eta_{H_2})$$

$$V_{CO}^T = V_{CO}^R + (m_{C-dFe} + m_{C-Si,Mn,P,S}) \times 22.4 - V_{CO_2}^{Fe_2O_3} - V_{CO_2}^{Fe} \tag{4-33}$$

$$V_{H_2O}^T = [V_B\phi_{H_2O} + (\frac{m_{Coal}\beta_{H-Coal} + m_{Bio}\beta_{H-Bio} + m_{Coke}\beta_{H-Coke}}{2} + \tag{4-34}$$

$$\sum m_i\beta_{i-H_2O}) \times 22.4] \times \eta_{H_2}$$

$$V_{N_2}^T = V_B(1 - \beta_{O_2-B}) \tag{4-35}$$

$$V_{Gas}^{Top} = V_{CO_2}^T + V_{H_2}^T + V_{CO}^T + V_{H_2O}^T + V_{N_2}^T \tag{4-36}$$

式中，V_{Gas}^{Top}、$V_{CO_2}^T$、$V_{H_2}^T$、V_{CO}^T、$V_{H_2O}^T$、$V_{N_2}^T$ 分别为炉顶煤气体积及各成分的体积，

m^3/t；$V_{CO_2}^{Fe_2O_3}$ 为高价铁、锰氧化物等还原到低价氧化物形成 CO_2，m^3/t；$V_{CO_2}^{Fe}$ 为间接还原 Fe 生成的 CO_2，m^3/t；$V_{CO_2}^{Vol}$ 为焦炭挥发分生成的 CO_2，m^3/t；$\beta_{H\text{-Coal}}$、$\beta_{H\text{-Bio}}$、$\beta_{H\text{-Coke}}$ 分别为喷吹煤粉、生物质半焦和焦炭的氢含量，%；$\beta_{i\text{-}H_2O}$ 为烧结矿、球团矿和块矿结晶水的含量，%。

E　物料平衡表编制

将冶炼单位生铁的原燃料消耗和鼓风量消耗作为物料平衡的收入项，将冶炼所得生铁与计算得到的渣量、炉顶煤气量和炉尘汇总作为支出项，在计算方法科学、原始数据正确的情况下，物料收入项和支出项是相等的，但实际计算中，由于各种误差的引入造成计算结果收入项和支出项有一定的偏差。目前的检测和统计方法要求收入项和支出项相对误差不超过 0.3%。

4.5.1.2　热平衡计算

对高炉冶炼生铁过程进行热量平衡计算，热量收入项为高炉风口燃烧带内碳素燃烧生成 CO 释放的热量和热风带入高炉内部的物理热，相应的热支出项为直接还原耗热等。此种方法的优点在于热平衡中明显地显示出直接还原对热消耗的影响，这部分热消耗主要由碳在风口前燃烧成 CO 释放的热量来补偿，因而此种方法可以显示直接还原对焦比的影响[29]。

A　热收入项计算

风口前碳素燃烧放热：

$$Q_C^R = m_{C\text{-}R}q_{C\text{-}CO} \tag{4-37}$$

式中　　$q_{C\text{-}CO}$——单位质量碳氧化生成 CO 释放热量，kJ/kg。

热风带入物理热：

$$Q_B^R = \int_{T_0}^{T} \frac{V_B c_B}{22.4}dT - q_{H_2O\text{-}H_2}V_B\phi_{H_2O} \tag{4-38}$$

式中　　c_B——鼓风热容，J/(K·mol)；

　　　　T——热风温度，K；

　　$q_{H_2O\text{-}H_2}$——水分分解耗热，kJ/m^3。

B　热支出项计算

直接还原耗热：

$$Q_d = m_{C\text{-}dFe}q_{C\text{-}dFe} + \sum m_{C\text{-}i}q_{C\text{-}i} \tag{4-39}$$

式中　　$q_{C\text{-}dFe}$——还原单位质量铁消耗热量，kJ/kg；

　　　　$q_{C\text{-}i}$——单位质量非铁元素直接还原消耗热量，kJ/kg，其中 i 分别为 Si、Mn、P 和 S。

脱硫耗热：

$$Q_S = q_S m_S \tag{4-40}$$

式中　m_S——脱硫量，kg/t；

　　　q_S——脱除单位质量硫消耗的热量，kJ/kg。

渣铁带走热量：

$$Q_{Slag} = m_{Slag} q_{Slag} \tag{4-41}$$

$$Q_{Pig} = 1000 q_{Pig} \tag{4-42}$$

式中，q_{Slag} 和 q_{Pig} 分别为炉渣和生铁比热，kJ/kg。

炉顶煤气带走热量：

$$Q_{Gas}^{Top} = \int_{T_0}^{T_{Top}} \frac{V_i c_i}{22.4} dT \tag{4-43}$$

式中　V_i——炉顶煤气各组成量，m^3/t；

　　　c_i——炉顶煤气热容，$J/(K \cdot mol)$；

　　　T_{Top}——炉顶煤气温度，K。

计算中高炉热收入项值要大于热支出项，其中热收入项减去热支出项得到的热量值为高炉冶炼过程热损失，主要为冷却水及炉体散热。

4.5.1.3　确定冶炼条件

（1）原燃料成分。本节计算使用的原燃料数据为国内某钢铁企业提供，原燃料成分列于表4-19和表4-20，炉尘成分见表4-21。

表 4-19　入炉原料主要化学成分 （%）

原　料	TFe	FeO	CaO	SiO$_2$	MgO	Al$_2$O$_3$	MnO$_2$	MnO	S	P
烧结矿	54.95	8.63	10.27	5.86	2.82	2.19	—	0.11	0.02	0.04
球团矿	62.93	3.76	0.78	7.35	0.54	1.20	—	0.27	0.02	0.09

表 4-20　入炉燃料成分 （%）

| 成分 | C$_F$ | S | 灰　分 | | | | | | 挥发分 | 水分 |
			CaO	SiO$_2$	MgO	Al$_2$O$_3$	其他	总计		
焦炭	86.60	0.85	0.52	5.75	0.17	4.38	1.58	12.40	0.98	0.02
煤粉	79.94	0.67	0.43	6.11	0.07	4.60	0.6	11.81	7.48	0.84
半焦	79.82	0.08	2.80	0.21	4.16	0.07	3.59	10.83	7.51	1.84

表 4-21　炉尘成分 （%）

TFe	FeO	CaO	SiO$_2$	MgO	Al$_2$O$_3$	MnO$_2$	MnO	S	P
36.94	5.20	7.34	4.30	1.46	2.61	—	0.12	0.34	0.03

（2）预设生铁成分见表4-22，冶炼工艺参数设定：$T_{Pig} = 1450℃$，各元素在渣铁中的分配比见表4-23。

表 4-22　预设生铁成分　　　　　　　　　　（%）

元素	Fe	C	Si	Mn	P	S
含量	94.825	4.445	0.470	0.150	0.086	0.024

表 4-23　各元素分配比

产品	Fe	Mn	P	S
生铁	0.9971	0.9	1	0.1
炉渣	0.0029	0.1	—	0.9

4.5.1.4　数据整理及计算

以企业提供的原燃料条件为基础，表4-24中高炉冶炼焦比、煤比、富氧率、鼓风湿度、鼓风能力、风温、炉顶煤气温度和炉渣碱度为输入量，以高炉煤气利用率、利用系数和物料平衡、热平衡关系为验证条件，求解 r_d^0 数值。

表 4-24　基础数据

焦比 /kg·t^{-1}	煤比 /kg·t^{-1}	富氧率 /%	鼓风湿度 /%	鼓风能力 /m^3·min^{-1}
380	140	1.0	1.0	9000

鼓风温度 /℃	炉顶煤气温度 /℃	炉渣碱度	吨铁渣量 /kg·t^{-1}	煤气利用率 /%
1150	159	1.15	360	46.0

在物料平衡、热平衡计算中，需要用到完整的原料化学成分，前面章节提供了的烧结矿、球团矿成分仅有 TFe、P、S 元素和 FeO、CaO、SiO$_2$、MgO 和 Al$_2$O$_3$ 几种化合物成分，在实际计算中需要先对原料化学成分进行初步整理，确定各元素存在的状态并确定各组分实际百分含量。

一般认为 Fe 在烧结矿、球团矿中以 Fe$_2$O$_3$ 和 FeO 的形式存在，在确定 TFe 含量和 FeO 含量的情况下可以通过下面的公式计算矿石中 Fe$_2$O$_3$ 含量：

$$w(\text{Fe}_2\text{O}_3) = \left([\text{TFe}] - \frac{56}{72} \times w(\text{FeO}) \right) \times \frac{160}{112} \tag{4-44}$$

矿石中 P 以 P$_2$O$_5$ 形态存在，P$_2$O$_5$ 含量计算的计算公式如下：

$$w(P_2O_5) = [P] \times \frac{142}{62} \tag{4-45}$$

可由矿石中 S 含量计算出 S/2 含量，烧结矿中 S 以 FeS 形态存在，其中 Fe 已经计入 FeO 项中，由于氧的原子量是硫原子量的一半，因此在成分整理当中剩余一半 S 的含量要以 S/2 的形式存在。

整理之后烧结矿、球团矿成分见表 4-25。

表 4-25　整理后原料成分　　　　　　　　　（%）

原料	S/2	P$_2$O$_5$	Fe$_2$O$_3$	FeO	CaO	SiO$_2$	MgO	Al$_2$O$_3$	MnO	MnO$_2$
烧结	0.01	0.10	68.91	8.63	10.27	5.86	2.82	2.19	0.11	—
球团	0.01	0.20	85.72	3.76	0.78	7.35	0.54	1.2	0.27	—

利用整理后的原料成分计算高炉物料平衡、热平衡。物料平衡收入项主要有焦炭、喷吹燃料、矿石和鼓风量，支出项主要有生铁、炉渣、煤气和炉尘，编制物料平衡表（表 4-26）。在物料平衡基础之上编制热平衡（表 4-27）。炉顶煤气成分见表 4-28。

表 4-26　物料平衡

收入项	数量/kg·t^{-1}	支出项	数量/kg·t^{-1}
矿石	1683.9	生铁	1000
焦炭	380	炉渣	367.3
煤粉	140	煤气	2313.5
风量	1496.6	炉尘	18
合计	3700.5	合计	3698.8
绝对误差/%	1.7	相对误差/%	0.05

表 4-27　热平衡

收入项	热量/MJ·t^{-1}	占比/%	支出项	热量/MJ·t^{-1}	占比/%
风口前燃烧碳素释放热量	2572.8	59.51	直接还原耗热量	1457.4	33.71
			脱硫耗热量	19.5	0.45
热风带入物理热	1750.7	40.49	碳酸盐分解耗热量	0	0
			炉渣带走热量	653.7	15.12
			铁水带走热量	1240	28.68
			炉顶煤气带走热量	340.9	7.88
			热损失	612	14.16
总　计	4323.5	100	总　计	4323.5	100

表 4-28　炉顶煤气成分

CO/%	H_2/%	N_2/%	CO_2/%	H_2O/%	∑/%	V/m^3
23.18	2.02	52.99	19.79	2.02	100	1702.50

根据表 4-26 和表 4-28 得到计算渣量为 367.3kg/t，煤气利用率为 46.1%，炉顶煤气温度 165℃，与企业提供的基础数据中渣量和煤气利用率相近，证明了计算过程的正确性。在本节的原燃料和操作参数条件下 r_d^0 为 0.51。基准期高炉冶炼参数见表 4-29。

表 4-29　基准期高炉冶炼基本参数

参　数	单　位	符　号	数　值
理论燃烧温度	℃	T_f	2246
吨铁渣量	kg/t	m_{Slag}	367.3
煤气利用率	%	η_{CO}	46.1
炉顶煤温度	℃	T_{Top}	165
利用系数	t/(m³·d)	λ	3.40

4.5.2　高炉混合喷吹生物质半焦和煤粉冶炼参数变化

为了探究混合喷吹棕榈壳半焦和煤粉对高炉冶炼的影响，利用建立的物料平衡、热平衡模型，计算加入不同质量棕榈壳半焦后，高炉冶炼参数的变化情况，棕榈壳半焦的成分列于表 4-20 中。

4.5.2.1　直接还原度和燃料比

设计高炉的直接还原度目前还没有很好的方法。本节采用 A. H. 拉姆教授[38]提出的经验公式来计算高炉直接还原度随棕榈壳半焦喷吹量的变化。高炉喷吹棕榈壳半焦后，煤气中还原性组分增加，并且 H_2 在还原热力学和动力学方面均优于 CO，因此，高炉喷吹棕榈壳半焦后，发展了炉内间接还原，从而导致直接还原度降低。

因为考虑用棕榈壳半焦替代部分煤粉进行喷吹，所以在本节的计算中设定焦比固定不变，在吨铁热损失不变的情况下考查喷吹棕榈壳半焦对燃料比的影响。高炉喷吹棕榈壳半焦后，燃料比的变化如图 4-37 所示，随着棕榈壳半焦喷吹量的增加，燃料比呈现下降趋势，主要原因是，高炉喷吹棕榈壳半焦后，直接还原度降低，导致直接还原消耗的碳量减少，棕榈壳半焦和煤粉混合可以促进煤粉燃烧，改善煤粉在风口回旋区的燃烧，提高煤粉的燃烧率，从而降低高炉燃料比。

4.5.2.2　风口焦数量和煤气利用率

焦炭在高炉内部的主要作用可以分为四个方面：（1）还原剂；（2）发热剂；

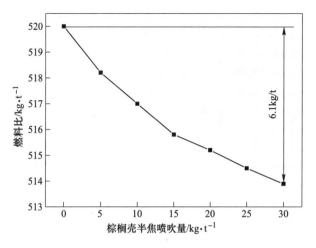

图 4-37　高炉喷吹棕榈壳半焦对燃料比的影响

（3）渗碳剂；（4）骨架作用。风口燃烧的焦炭质量是判断焦炭在高炉内部充当骨架作用的一个重要参数，风口前燃烧焦炭质量减少，充当骨架作用的焦炭量增多，就能保证高炉冶炼的透气性，对高炉的稳定顺行具有重要作用。图 4-38 所示为高炉喷吹棕榈壳半焦对风口焦数量的影响，高炉喷吹棕榈壳半焦后，促进了炉内的间接还原，使直接还原度降低，从而导致参与直接还原的焦炭质量减少，能够到达风口前燃烧的焦炭数量增加。当棕榈壳半焦喷吹量达到 30kg/t 时，风口焦质量增加了 2.47kg/t，不会对高炉产生不利影响。

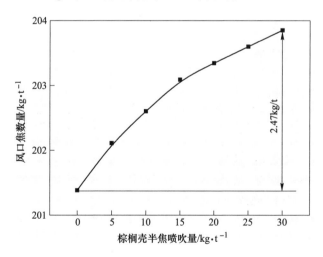

图 4-38　高炉喷吹棕榈壳半焦对风口焦数量的影响

煤气利用率的计算公式为：

$$\eta_{CO} = \frac{\varphi_{CO_2}}{\varphi_{CO_2} + \varphi_{CO}}$$

(4-46)

式中　φ_{CO_2}——炉顶煤气中 CO_2 的体积分数,%;

　　　φ_{CO}——炉顶煤气中 CO 的体积分数,%。

高炉喷吹棕榈壳半焦后,直接还原度降低,高炉上部区域间接还原得到发展,导致炉顶煤气中 CO 比例降低,CO_2 比例增加,因此,高炉喷吹棕榈壳半焦后煤气利用率升高,如图 4-39 所示。

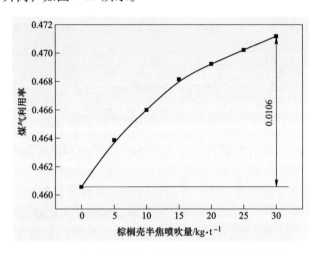

图 4-39　高炉喷吹棕榈壳半焦对煤气利用率的影响

4.5.2.3　吨铁鼓风量和炉腹煤气量

图 4-40 所示为高炉喷吹棕榈壳半焦对吨铁鼓风量的影响,喷吹棕榈壳半焦对吨铁鼓风量的影响主要有两个方面:(1) 高炉喷吹棕榈壳半焦后,煤比下降,且煤比下降幅度大于喷吹棕榈壳半焦的增加幅度,导致燃料比降低,从而使得风口前燃烧碳的数量减少,燃烧所需氧量减少,导致吨铁鼓风量降低;(2) 高炉喷吹棕榈壳半焦降低了直接还原度,直接还原度降低使直接还原消耗的焦炭量减少,能够到达风口前燃烧的焦炭质量增加,使吨铁鼓风量又有增加的趋势。但是煤比降低导致的风口回旋区燃烧碳减少的数量大于风口焦增加的数量,风口碳燃烧所需氧量减少,所以最终会导致吨铁鼓风量降低。棕榈壳半焦喷吹量每增加 10kg,吨铁鼓风量减少 $1.2 \sim 3.5 m^3/t$,减少幅度随棕榈壳半焦喷吹量增加而减小。

本节采用国际上通用的对炉腹煤气量的定义,即风口前生成的煤气离开回旋区就进入炉腹,所以炉腹煤气量就是回旋区燃烧形成的煤气量。高炉喷吹棕榈壳半焦后,炉腹煤气量下降,如图 4-41 所示,但是变化量比较小,炉腹煤气量变

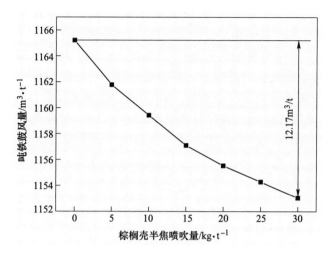

图 4-40　高炉喷吹棕榈壳半焦对吨铁鼓风量的影响

化主要有以下两个方面的原因：（1）喷吹棕榈壳半焦后，燃料比降低，导致风口前燃烧的碳量减少，从而导致燃烧产生的 CO 减少，炉腹煤气量下降；（2）喷吹棕榈壳半焦后，由于吨铁鼓风量减少，由鼓风带入的 N_2 减少，同样会导致炉腹煤气量下降。

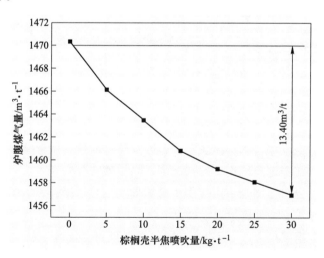

图 4-41　高炉喷吹棕榈壳半焦对炉腹煤气量的影响

4.5.2.4　理论燃烧温度

理论燃烧温度是表征炉缸热状态的重要参数，理论燃烧温度过低，炉缸热量不足，渣铁熔化滴落温度不够，会造成炉缸堆积；理论燃烧温度升高，炉缸热量集中，有利于冶炼反应的进行，但理论燃烧温度过高，会增加炉缸热负荷，影响炉料的透气性，不利于高炉顺行稳产。国内高炉喷吹燃料以后，认为理论燃烧温度维持在 2000~2300℃ 之间较为合理[37]。从图 4-42 可以看出，高炉喷吹棕榈壳半焦后，理论燃烧温度变化量很小，基本保持稳定，喷吹棕榈壳半焦后对理论燃烧温度的影响主要有以下三个方面：（1）吨铁鼓风量降低，热风带入的物理热减少；（2）燃料比降低，煤粉分解耗热减少；（3）炉腹煤气量降低，加热煤气消耗的热量减少。受几个方面的综合影响，最后理论燃烧温度基本保持稳定。

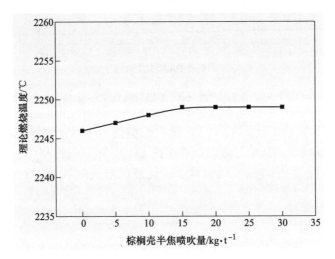

图 4-42 高炉喷吹棕榈壳半焦对理论燃烧温度的影响

4.5.2.5 减排 CO_2 计算

对于高炉炼铁工序，燃料比决定了最终的碳排放量。从上文的物料平衡计算可以得出结论，在固定焦比不变的情况下，高炉喷吹棕榈壳半焦可以降低煤比和燃料比。为定量分析棕榈壳半焦应用于高炉喷吹工艺后减排 CO_2 的潜力，对棕榈壳半焦喷吹后高炉 CO_2 排放量进行计算。

高炉的 CO_2 排放量 E_{CO_2}（kg/t）与燃料消耗量 M_f（kg/t）之间存在以下关系：

$$E_{CO_2} = M_f \tau \tag{4-47}$$

式中，τ 为固体碳燃料的 CO_2 排放系数，即单位质量碳燃料完全燃烧产生的 CO_2 排放量（kg/kg），对于纯碳，在其完全燃烧的情况下 τ 的值为 $\tau = \dfrac{M_{CO_2}}{M_C} = \dfrac{44}{12} = \dfrac{11}{3}$ kg/kg，然而实际上碳燃料的碳含量和完全燃烧生成 CO_2 的比率均小于 100%，

对于碳含量为 $w(\%)$ 的燃料，其燃烧率为 $\eta(\%)$，则高炉的 CO_2 排放量 E_{CO_2} 按式（4-48）进行计算：

$$E_{CO_2} = M_f \tau w \eta = \frac{11}{3} M_f w \eta \tag{4-48}$$

假设用棕榈壳半焦进行高炉喷吹时，替代煤粉量为 $x(kg/t)$，则带来的 CO_2 减排量可按式（4-49）计算：

$$\Delta E_{CO_2} = \Delta E_{CO_2\text{-}Coal} - E_{CO_2\text{-}Bio} = \frac{11}{3} x w_{Coal} \eta_{Coal} - \frac{11}{3} M_{f\text{-}Bio} w_{Bio} \eta_{Bio} \tag{4-49}$$

生物质被认为是绿色环保可再生的清洁能源，生长过程中吸收 CO_2，可抵消燃烧消耗时产生的 CO_2，假设 $E_{CO_2\text{-}Bio} = 0$，则此时高炉喷吹棕榈壳半焦带来的 CO_2 减排量的计算公式为：

$$\Delta E_{CO_2} = \Delta E_{CO_2\text{-}Coal} = \frac{11}{3} x w_{Coal} \eta_{Coal} \tag{4-50}$$

式中，w_{Coal} 为 79.94%，η_{Coal} 取 80%，将以上各数值代入式（4-47）可计算出不同棕榈壳半焦喷吹量的 ΔE_{CO_2}，如图 4-43 所示。

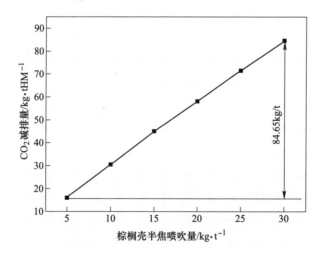

图 4-43 棕榈壳半焦喷吹量与 CO_2 减排量的关系

随着棕榈壳半焦喷吹量的增加，CO_2 减排量逐渐增加，当棕榈壳半焦的喷吹量为 30kg/t 时，可减排 CO_2 84.65kg/t。因此，棕榈壳半焦替代部分煤粉用于高炉喷吹可以有效降低高炉炼铁对化石能源的依赖，减少煤炭开采量，有效减少高炉的 CO_2 排放量，缓解炼铁工艺困境，对实现国家的 CO_2 减排目标具有重要意义。

4.6　本章小结

（1）随着热解温度的增加，生物质半焦的收得率逐渐增加。不同生物质半焦的成分与结构取决于热解工艺参数及初始生物质的组成。采用 N_2 吸附技术进行孔结构表征，发现生物质半焦颗粒具有连续完整的孔体系，小至分子级、大至无上限孔，微孔、介孔所占比例大。分析半焦颗粒微观形貌，发现棕榈壳半焦多为不规则的几何块状结构，随着热解温度的升高，自身孔隙结构先发展而后熔损坍塌，大豆秸秆半焦多为中空管状结构，随着热解温度的升高，孔隙结构先保持不变而后逐渐发展；玉米芯半焦颗粒在微观下呈现层状骨架结构，随着热解温度的升高，孔隙结构逐渐熔融消失。

（2）棕榈壳半焦的燃烧反应性优于煤粉，主要是因为棕榈壳半焦具有比煤粉发达的孔结构，灰分中具有催化作用的碱性物质含量大于煤粉，而且棕榈壳半焦炭结构的有序度和石墨化程度小于煤粉。棕榈壳半焦和煤粉混合燃烧后，煤粉的燃烧特性得到了改善，并且在混合燃烧过程中存在协同作用，煤粉的存在限制了棕榈壳半焦的着火和燃烧，但是棕榈壳半焦燃烧后释放热量，促进了煤粉的着火，后期棕榈壳半焦灰分中的碱金属化合物又促进了煤粉中碳的燃烧。随机孔模型计算得到的棕榈壳半焦和煤粉混合燃烧反应的活化能范围是 $90.2 \sim 121.8 kJ/mol$。

（3）高炉喷吹棕榈壳半焦之后产生的未燃残炭的反应性大于焦炭，可以对焦炭起到保护作用。传统未燃煤粉和未燃生物质残炭以固体质点形式存在于炉渣中，都会使炉渣黏度增大。但棕榈壳半焦灰分中的 CaO、MgO 含量大于煤粉，相比于煤粉残炭，棕榈壳半焦未燃残炭对炉渣黏度的影响较小。

（4）通过高炉的物料平衡和热平衡计算发现，高炉喷吹棕榈壳半焦后，会使直接还原度降低，燃料比降低，棕榈壳半焦喷吹量为 30kg/t 时，燃料比降低6.1kg/t。当棕榈壳半焦喷吹量达到 30kg/t 时，风口焦质量增加了 2.47kg/t，煤气利用率由 0.46 增加至 0.47。棕榈壳半焦喷吹量每增加 10kg，吨铁鼓风量减少 $1.2 \sim 3.5 m^3/t$，减少幅度随棕榈壳半焦喷吹量增加而减小，理论燃烧温度基本不变。随着棕榈壳半焦喷吹量的增加，CO_2 减排量逐渐增加，当棕榈壳半焦的喷吹量为 30kg/t 时，可减排 CO_2 84.65kg/t。综合来看，理论上棕榈壳半焦替代部分煤粉进行高炉喷吹是可行的，高炉喷吹棕榈壳半焦有助于发展炉内间接还原，减少燃料消耗，有效减少 CO_2 排放。

参 考 文 献

[1] 周中仁，吴文良．生物质能研究现状及展望 [J]．农业工程学报，2005，21（12）：

12~15.

［2］ 肖军，段菁春. 生物质利用现状［J］. 安全与环境工程，2003，10（1）：11~14.

［3］ 毕学工，饶昌润，彭伟. 高炉混合喷吹农林剩余物的发展现状与前景［J］. 河南冶金，2012，20（3）：1~5.

［4］ 熊玮，王国强，周绍轩. 秸秆替代煤高炉喷吹的能源消耗及环境影响比较［J］. 环境科学与技术，2013，36（4）：137~140.

［5］ Babich A, Senk D, Fernandez M. Charcoal behaviour by its injection into the modern blast furnace［J］. ISIJ International, 2010, 50（1）：81~88.

［6］ Mathieson J G, Rogers H, Somerville M A, et al. Reducing net CO_2 emissions using charcoal as a blast furnace tuyere injectant［J］. ISIJ International, 2012, 52（8）：1489~1496.

［7］ de Castro J A, Silva A J, Sasaki Y, et al. A Six-phases 3-D model to study simultaneous injection of high rates of pulverized coal and charcoal into the blast furnace with oxygen enrichment［J］. ISIJ International, 2011, 51（5）：748~758.

［8］ de Castro J A, de Mattos Araújo G, da Mota I O, et al. Analysis of the combined injection of pulverized coal and charcoal into large blast furnaces［J］. Journal of Materials Research and Technology, 2013, 2（4）：308~314.

［9］ Du S W, Chen W H, Lucas J A. Pretreatment of biomass by torrefaction and carbonization for coal blend used in pulverized coal injection［J］. Bioresource Technology, 2014, 161：333~339.

［10］ Wang C, Larsson M, Lövgren J, et al. Injection of solid biomass products into the blast furnace and its potential effects on an integrated steel plant［J］. Energy Procedia, 2014, 61：2184~2187.

［11］ Mundike J, Collard F X, Görgens J F. Co-combustion characteristics of coal with invasive alien plant chars prepared by torrefaction or slow pyrolysis［J］. Fuel, 2018, 225：62~70.

［12］ Wang G W, Zhang J L, Shao J G, et al. Thermal behavior and kinetic analysis of co-combustion of waste biomass/low rank coal blends［J］. Energy Conversion and Management, 2016, 124：414~426.

［13］ Duman G, Uddin M A, Yanik J. The effect of char properties on gasification reactivity［J］. Fuel Processing Technology, 2014, 118（2）：75~81.

［14］ Le Manquais K, Snape C, Barker J, McRobbie I. TGA and Drop Tube Furnace Investigation of Alkali and Alkaline Earth Metal Compounds as Coal Combustion Additives［J］. Energy and Fuels, 2012, 26（3）：1531~1539.

［15］ Ding L, Zhang Y, Wang Z, et al. Interaction and its induced inhibiting or synergistic effects during co-gasification of coal char and biomass char［J］. Bioresource Technology, 2014, 173：11~20.

［16］ Farrow T S, Sun C, Snape C E. Impact of biomass char on coal char burn-out under air and oxy-fuel conditions［J］. Fuel, 2013, 114（6）：128~134.

［17］ Edreis E M A, Luo G, Li A, et al. Synergistic effects and kinetics thermal behaviour of petroleum coke/biomass blends during H_2O co-gasification［J］. Energy Conversion and

Management, 2014, 79: 355~366.

[18] Wang G W, Zhang J L, Zhang G H, et al. Experimental and kinetic studies on co-gasification of petroleum coke and biomass char blends [J]. Energy, 2017, 131: 27~40.

[19] Hu S, Ma X, Lin Y, et al. Thermogravimetric analysis of the co-combustion of paper mill sludge and municipal solid waste [J]. Energy Conversion and Management, 2015, 99: 112~118.

[20] Yıldız Z, Uzun H, Ceylan S, et al. Application of artificial neural networks to co-combustion of hazelnut husk-lignite coal blends [J]. Bioresource Technology, 2016, 200: 42~47.

[21] Huang Y W, Chen M Q, Luo H F. Nonisothermal torrefaction kinetics of sewage sludge using the simplified distributed activation energy model [J]. Chemical Engineering Journal, 2016, 298: 154~161.

[22] Fan C, Zan C, Zhang Q, et al. The oxidation of heavy oil: Thermogravimetric analysis and non-isothermal kinetics using the distributed activation energy model [J]. Fuel Process Technology, 2014, 119: 146~150.

[23] Fatehi H, Bai X S. Structural evolution of biomass char and its effect on the gasification rate [J]. Applied Energy, 2017, 185: 998~1006.

[24] Tuinstra F, Koenig J L. Raman spectrum of graphite [J]. The Journal of Chemical Physics, 1970, 53 (3): 1126~1130.

[25] Green P D, Johnson C A, Thomas K M. Applications of laser Raman microprobe spectroscopy to the characterization of coals and cokes [J]. Fuel, 1983, 62 (9): 1013~1023.

[26] Sadezky A, Muckenhuber H, Grothe H, et al. Raman microspectroscopy of soot and related carbonaceous materials: spectral analysis and structural information [J]. Carbon, 2005, 43 (8): 1731~1742.

[27] Katagiri G, Ishida H, Ishitani A. Raman spectra of graphite edge planes [J]. Carbon, 1988, 26 (4): 565~571.

[28] Beyssac O, Goffé B, Petitet J P, et al. On the characterization of disordered and heterogeneous carbonaceous materials by Raman spectroscopy [J]. Spectrochimica Acta Part A: Molecular and Biomolecular Spectroscopy, 2003, 59 (10): 2267~2276.

[29] Cuesta A, Dhamelincourt P, Laureyns J, et al. Raman microprobe studies on carbon materials [J]. Carbon, 1994, 32 (8): 1523~1532.

[30] Bar-Ziv E, Zaida A, Salatino P, et al. Diagnostics of carbon gasification by Raman microprobe spectroscopy [J]. Proceedings of the combustion institute, 2000, 28 (2): 2369~2374.

[31] Zaida A, Bar-Ziv E, Radovic L R, et al. Further development of Raman microprobe spectroscopy for characterization of char reactivity [J]. Proceedings of the Combustion Institute, 2007, 31 (2): 1881~1887.

[32] Barbanera M, Cotana F, Di Matteo U. Co-combustion performance and kinetic study of solid digestate with gasification biochar [J]. Renewable Energy, 2018, 121: 597~605.

[33] Grigore M, Sakurovs R, French D, et al. Properties and CO_2 reactivity of the inert and reactive maceral-derived components in cokes [J]. International Journal of Coal Geology,

2012, 98: 1~9.

[34] Arrhenius. The viscosity of aqueous mixture [J]. Zeitschrift Fur Physikalische Chemie-international Journal of Research in Physical Chemistry and Chemical Physics, 1887 (1): 285~298.

[35] 郝金龙. MgO/Al$_2$O$_3$ 对南钢高炉渣性能的影响 [D]. 重庆: 重庆大学, 2014.

[36] Zhang G H, Chou K C, Mills K. Modelling Viscosities of CaO-MgO-Al$_2$O$_3$-SiO$_2$ Molten Slags [J]. ISIJ International, 2012, 52 (3): 355~362.

[37] 王筱留. 钢铁冶金学 (炼铁部分) [M]. 北京: 冶金工业出版社, 2000.

[38] 拉姆 A H. 现代高炉过程的计算分析 [M]. 王筱留, 译. 北京: 冶金工业出版社, 1987.

5 高炉喷吹富氢燃料基础研究与工业运用

5.1 高炉喷吹富氢燃料简介

高炉炼铁是完全依靠碳为还原剂的冶炼技术，这无疑需要大量高质量的碳还原剂（焦炭）。焦煤资源短缺，使焦炭的价格居高不下。因此，通过高炉风口喷吹燃料作为还原剂替代焦炭具有重要的意义。氢作为最活泼的还原剂，其还原效率和还原速率均比碳高，氢的还原潜能是一氧化碳还原潜能的 14 倍，而且氢能可运输、可储存、可再生，其大规模制备技术将有望得以实现，氢作为还原剂的最终产物是水，可达到二氧化碳的零排放。

目前大规模制氢仍主要依靠化石燃料，如石油类燃料的裂解转化、氧化和煤炭气化转化；另外一种是水电解制氢。以上两种方法都存在 CO_2 排放的问题，而利用钢铁企业的含能气体制氢可以为氢冶金提供氢源并减少 CO_2 排放，有利于节能减排。当前高炉喷吹煤粉带入的氢承担了部分还原任务，若高炉能喷吹含氢量更高的物质，则减少 CO_2 排放的效果更明显。本章主要介绍了基于氢冶金学理论进行的高炉喷吹富氢还原性气体（如天然气和焦炉煤气）及其对高炉冶炼产生的影响。因此，用富氢燃料取代传统煤碳作为还原剂的技术，有望为钢铁工业的可持续发展带来希望，富氢燃料喷吹已经得到世界各国的普遍关注。

天然气是较为安全的燃气之一，它不含一氧化碳，也比空气轻，一旦泄漏，立即会向上扩散，不易积聚形成爆炸性气体，安全性较高。采用天然气作为能源，可减少煤和石油的用量，因而大大改善环境污染问题；天然气作为一种清洁能源，能减少二氧化硫和粉尘排放量近 100%，减少二氧化碳排放量 60% 和氮氧化合物排放量 50%，并有助于减少酸雨形成，舒缓地球温室效应，从根本上改善环境质量。

焦炉煤气是指在配制炼焦用煤时，炼焦炉在产出焦炭和焦油产品的同时所产生的一种可燃气体，是炼焦工业的副产品。焦炉煤气由于发热值高，可燃成分较高，含氢多，燃烧快等优点，可采用多种方式进行利用。焦炉煤气在钢铁企业内部作为高热值燃料常被大量用于维修烘烤、轧钢加热炉加热等，但随着企业内能量利用率的提高和替代燃料的使用，加热所需焦炉煤气量将不断减少。同时，焦炉煤气因其中大量的氢组分又可作为优良的还原气体和化工原料，焦炉煤气作为燃料气体燃烧掉事实上是对能源的巨大浪费。随着炼焦煤配比和炼焦工艺参数的不同，焦炉煤气的组分略有变化，焦炉煤气一般含氢气 54%~59%，CO 5.5%~

7.0%，甲烷24%~28%。氢气作为燃料热值（标态）仅为10.8MJ/m³，而作为还原剂替代CO却可以拥有相当于（标态）12.6MJ/m³的热量。因此，高炉喷吹焦炉煤气可充分发挥其氢系还原剂的作用，使其得到合理有效的利用。

当前炼铁技术趋于稳定，为了进一步降低能耗，实现低碳炼铁，炼铁工作者需要积极加强氢冶金的理论研究，以实现富氢介质用于高炉喷吹。天然气作为高氢优质资源，意大利、苏联、北美等地的高炉都曾实行了高炉风口喷吹天然气，特别是20世纪80年代末至90年代初，苏联的133座高炉中有112座喷吹天然气。20世纪90年代，北美高炉天然气喷吹量大幅增加。一般喷吹量在40~110kg/HM，最高为155kg/HM。日本JFE京浜厂2号高炉（500m³）于2004年12月开始喷吹天然气达50kg/HIM，2006~2008年间高炉利用系数月平均达2.56t/(m³·d)，刷新了5000m³以上大型高炉的世界纪录。由于天然气资源有限，价格昂贵，且产地分布相对比较集中，目前只有北美、俄罗斯、乌克兰的部分高炉喷吹天然气，在其他地区很少有高炉喷吹。这几年氢冶金得到了国内外冶金工作者的关注，其方法之一就是向高炉内喷吹富氢气体或氢气。研究表明，高炉喷吹天然气有利于加速高炉炉料的还原，降低焦比、减少CO_2排放，是实现高炉的高效冶炼低碳排放的手段之一。

5.2　高炉混合喷吹天然气与煤粉

5.2.1　高炉喷吹天然气概况

钢铁是国民经济建设重要的和不可替代的材料。然而钢铁行业是能源消耗大户，目前我国的钢铁耗能量约占全国总能耗的11%左右[1]。高炉炼铁是目前甚至未来几十年钢铁冶炼获得生铁的主要手段，包含烧结、球团、焦化和高炉等多种工序在内炼铁生产能耗占钢铁生产总流程能耗的73.5%。钢铁企业所用能源有炼焦煤、动力煤、燃料油和天然气等。高炉喷吹辅助燃料是利用储量较为丰富的煤种、天然气或其他燃料部分替代昂贵焦炭进行铁水生产的一种技术操作。有学者研究表明，在一定的范围内，随着煤比增加，高炉炼铁能耗和成本能同时降低[2]。长期以来，高炉炼铁以喷吹烟煤和无烟煤为主[3]，但也有像俄罗斯等一些国家因为得天独厚的天然气资源也将天然气作为高炉的喷吹燃料。

在各种燃料中，气体燃料的燃烧最容易控制，热效率也高，是钢铁厂内倍受欢迎的燃料。天然气的主要成分是CH_4（90%以上），且其中的烃类气体热值高，经转化后可得到以H_2和CO为主的还原性气体，可供铁矿石还原焙烧、高炉喷吹和铁矿石的直接还原等，是气体燃料中最受欢迎的一种[4]。

苏联1957年在彼得洛夫斯基工厂高炉上首次喷吹了天然气，取得了很好效果。自此以后高炉喷吹天然气工艺在世界上得到了迅速推广。意大利的意大塞德(Italsider)公司在高炉中进行了天然气的喷吹和富氧鼓风的试验，天然气和预热升温后的空气一起由高炉风口喷入，使得该公司的炼铁焦比逐渐下降。1967 年意大塞德公司焦比为 500kg/t，天然气的喷吹量为 10m³/t，到 1971 年，根据当时意大利焦炭和天然气价格的差别，意大塞德公司试验认为焦比 470kg/t，天然气的喷吹量 35m³/t 时经济效果最好。1987 年前，采用喷吹天然气最广泛的国家是苏联，其次是美国[5]。

20 世纪 80 年代，由于世界天然气的大量开采、有效输送，以及价格相对平稳，美国、英国、法国等国家曾有相当部分高炉炼铁选用了喷吹天然气工艺。当时日本钢铁企业高炉炼铁喷吹燃料主要为优质重油，兼用天然气。

直接喷吹天然气至炉内吸热裂解成还原气，为防止冷气入炉降温、天然气不完全反应等降低炉温的现象发生，需要高富氧率和高风温等相应工艺条件。为提高炼铁高炉燃料利用率和热效率，降低后续炼钢炉外脱硫等工序成本，国外又开发了炉身喷吹高温还原气体工艺。该工艺是将碳氢化合物燃料先在炉外分解，重整制成高温（1000℃ 左右）、还原性强的气体，再从炉腰或炉身下部间接还原激烈反应区喷入高炉，减少高温区的热支出，可以大幅度地降低高炉燃料消耗。国外炼铁高炉喷吹由天然气（150m³/t）高温转换的还原气体，使焦比降到了300kg/t 以下，高炉利用系数提到 2.4 以上[6]。

本章节将以俄罗斯新利佩茨克钢铁公司天然气与煤粉共同喷吹技术为背景，对比国内各大钢铁厂的操作技术参数和各项冶炼指标，以充分了解俄罗斯 NLMK 钢铁厂进行天然气与煤粉混合喷吹的特点。NLMK 钢铁公司的 5 号和 7 号高炉的有效炉容分别为 3200m³ 和 4291m³，相较于中国同体积的高炉，NLMK 钢铁公司有着比较高的有效容积利用系数。因为 5 号和 7 号在喷煤的同时也分别喷吹74m³/t 和 57m³/t 的天然气，因此 5 号和 7 号两座高炉的吨铁喷煤量分别为112kg/t 和 124kg/t，远低于中国相同容积的高炉喷煤平均值。

为充分对比喷吹煤粉与天然气和煤粉混合喷吹的异同点，本节对中国同级别的高炉进行了调研，对国内 11 座有效容积大于 3000m³ 的高炉与 NLMK 两高炉的参数进行比较分析（图 5-1）。

5.2.2　天然气与喷煤混合喷吹对高炉利用系数的影响

高炉有效容积利用系数反映的是高炉生产技术和管理工作水平以及原料和燃料条件的技术经济指标[7]。以在规定工作时间（日历时间扣除大、中修理时间）内，平均每立方米高炉有效容积每昼夜所产合格生铁的吨数表示。NLMK 两座高炉的有效容积利用系数分别为 2.42t/（m³·d）和 2.58t/（m³·d），高于同级别国内高炉的平均值 2.39t/（m³·d）。这说明高炉混合喷吹天然气和煤粉可有效提高高炉的有效容积利用系数。这是因为天然气中富含大量的氢，氢气加快了高炉中铁矿石的还原，提高了高炉的冶炼效率。

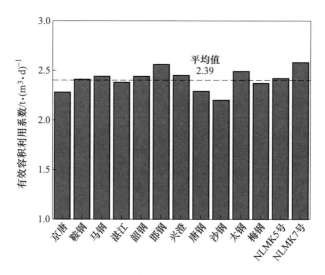

图 5-1 不同高炉有效容积利用系数

5.2.3 天然气与煤粉混合喷吹对炉渣性能的影响

由图 5-2 可知在高的有效容积利用系数下，俄罗斯两座高炉入炉综合品位分别仅为 55.45% 和 57%，低于国内同级别高炉的平均值 58.89%，镁铝比和渣量高于国内同型号高炉。这说明喷吹天然气对原燃料的条件的要求较低，有利于降低高炉的矿石采购成本，但低的矿石入炉品位意味着大的渣量和高的燃料消耗，从图 5-2 也已看出俄罗斯两高炉的确有较大的渣量，且炉渣的碱度较低，但焦比却和国内同型号高炉差不多，且由于喷有天然气导致高炉所喷吹的煤比远低于国内同型号高炉。以上现象说明高炉混合喷吹天然气和煤粉在提升高炉有效容积利用系数的同时，降低了对矿石的入炉品位的要求。虽然高炉的渣量增加、炉渣碱度

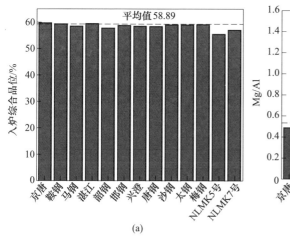

(a)

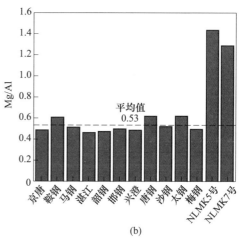

(b)

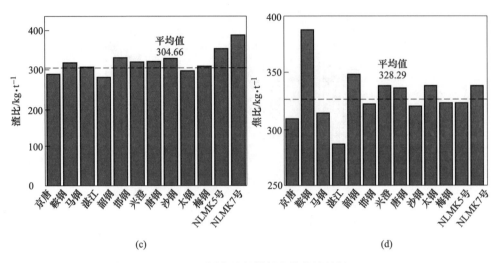

(c)　　　　　　　　　　　　　(d)

图 5-2　不同高炉的燃料条件统计结果

下降,但高炉的焦比基本不受影响,煤比明显降低。

5.2.4　天然气与煤粉混合喷吹对高炉操作参数的影响

通过图 5-3 可知混合喷吹天然气和煤粉的俄罗斯高炉的鼓风压力以及热风温度都明显低于国内同型号高炉的平均值。而炉内的压差和煤气利用率却和国内基本相同。这说明高炉混合喷吹天然气与煤粉对鼓风的操作的研究较低,但不会影响高炉的透气性与煤气的利用率。该结果证实了喷吹天然气较喷吹煤粉的操作要求更低的观点。

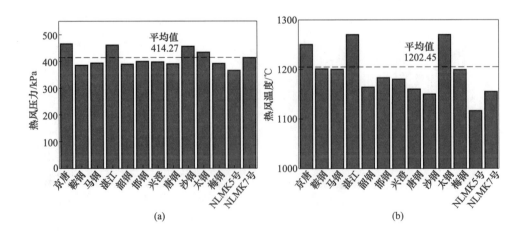

(a)　　　　　　　　　　　　　(b)

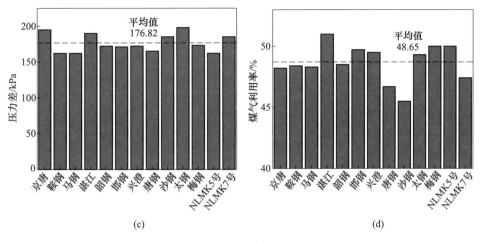

(c)　　　　　　　　　　　　　　(d)

图 5-3　操作参数对比

5.2.5　天然气喷吹量对煤粉燃烧过程的影响

在保证其他操作条件不变的情况下，仅改变天然气喷吹量，研究天然气喷吹量变化对煤粉燃烧过程的影响。在天然气喷吹量为 $47m^3/t$、$52m^3/t$、$57m^3/t$、$62m^3/t$、$67m^3/t$ 及 $72m^3/t$ 条件下，模拟研究了煤粉在高炉下部喷流特性与燃烧特性，图 5-4 是不同天然气喷吹量下的速度场分布。

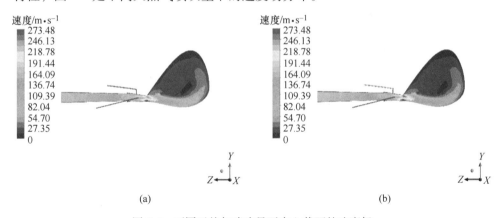

(a)　　　　　　　　　　　　　　(b)

图 5-4　不同天然气喷吹量下中心截面的速度场

（a）天然气喷吹量为 $47m^3/t$ 时的速度场；（b）天然气喷吹量为 $72m^3/t$ 时的速度场

比较图 5-4 中的速度场可以看出，速度场相差不大。随着天然气喷吹量增加，气体沿煤粉流股方向上的速度增加。主要是由于随着天然气喷吹量的变大，更多的天然气在风口内燃烧，气体量增加，促使气体的速度增加。

图 5-5 为不同天然气喷吹量下的风口回旋区温度场。由图可知，随着天然气喷吹量的增加，回旋区内高温区域面积减少，燃烧反应愈靠近枪尖。图 5-6 为不同天然气喷吹量下的风口中心线上的温度，随着天然气喷吹量升高，风口回旋前部温度升高后逐渐降低。图 5-7 是不同天然气喷吹量下的最高温度，可以看出风口中心线上最高温度随天然气喷吹量增加而降低。天然气喷吹量从 47m³/t 增加到 72m³/t 时，最高温度降低了 32K。由于天然气喷吹量的提高，会有更多的天然气在风口内快速燃烧，提高了气体的温度，但是天然气燃烧优先消耗氧气。这抑制了煤粉的燃烧放热，促使回旋区内的温度降低。因而，天然气喷吹量增加后，回旋区内的温度降低。

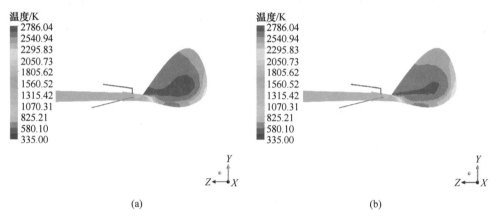

(a)　　　　　　　　　　　　　　　　(b)

图 5-5　不同天然气喷吹量下中心截面的温度场

（a）天然气喷吹量为 47m³/t 时的温度场；（b）天然气喷吹量为 72m³/t 时的温度场

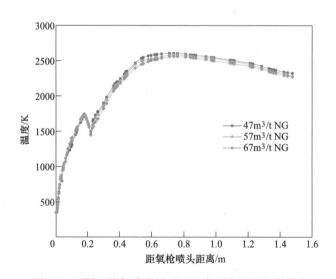

图 5-6　不同天然气喷吹量下风口中心线温度变化曲线

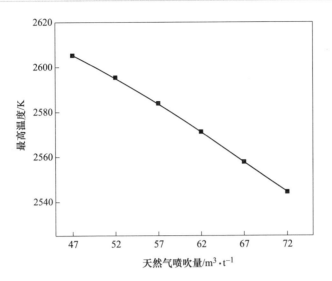

图 5-7　不同天然气喷吹量下的最高温度

图 5-8 是天然气喷吹量变化时的气体分布云图，图 5-9 是不同天然气喷吹量

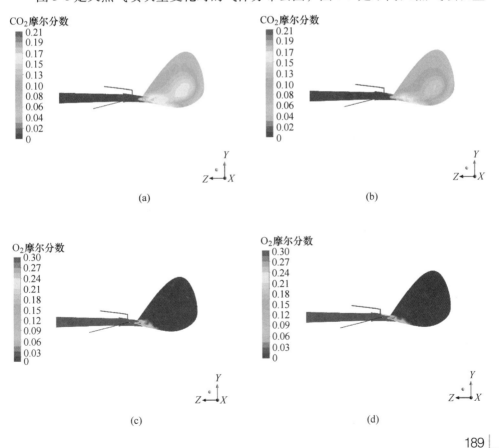

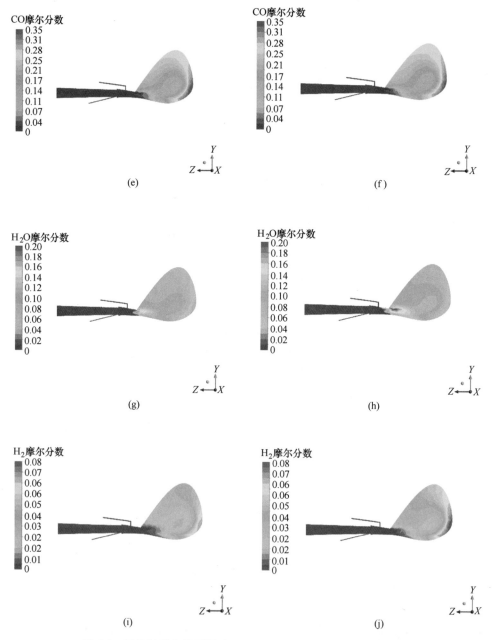

图 5-8 天然气喷吹量不同时 O_2、CO_2、CO、H_2O、H_2 分布云图

（a）天然气喷吹量为 $47m^3/t$ 时的 CO_2 分布；（b）天然气喷吹量为 $72m^3/t$ 时的 CO_2 分布；

（c）天然气喷吹量为 $47m^3/t$ 时的 O_2 分布；（d）天然气喷吹量为 $72m^3/t$ 时的 O_2 分布；

（e）天然气喷吹量为 $47m^3/t$ 时的 CO 分布；（f）天然气喷吹量为 $72m^3/t$ 时的 CO 分布；

（g）天然气喷吹量为 $47m^3/t$ 时的 H_2O 分布；（h）天然气喷吹量为 $72m^3/t$ 时的 H_2O 分布；

（i）天然气喷吹量为 $47m^3/t$ 时的 H_2 分布；（j）天然气喷吹量为 $72m^3/t$ 时的 H_2 分布

下不同位置 O_2、CO_2、CO、H_2O 和 H_2 气体摩尔分数曲线。从图中可以看出，天然气喷吹量变化时，气相成分的分布特征都是相似的。在高炉风口前缘区域，随着距枪口出口距离的增加，O_2 含量分布是呈逐渐减少的趋势，CO_2 和 H_2O 含量是先增加后减少的；CO、H_2 含量是在氧气含量较低的情况下逐渐增加的。

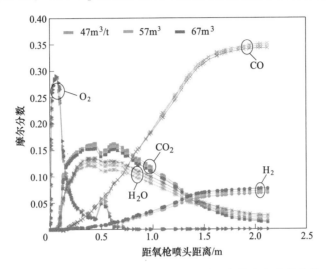

图 5-9　不同天然气喷吹量条件下不同位置气体摩尔分数曲线

由图 5-9 可知，天然气喷吹量的大小对炉内气相成分影响不大。天然气喷吹量增加时，在风口、回旋区内发生燃烧反应的 CH_4 含量增加，会生成更多的 H_2O，促进 $C+H_2O \Longrightarrow CO+H_2$ 反应的发生，H_2 和 CO 的含量也会增加，同时，更多的天然气燃烧会预热煤粉。浓度逐渐降低不利于煤粉燃烧。随着天然气喷吹量的增加，在同一位置氧气的含量减少，煤粉周围的氧气摩尔分数减少，CO 含量降低。在燃烧带边缘时，天然气喷吹量分别为 $47m^3/t$ 和 $72m^3/t$ 时，CO 的摩尔分数分别为 35.03% 和 34.08%，H_2 的摩尔分数分别为 6.85%、7.88%。

煤粉燃尽率结果见图 5-10。天然气喷吹量增大时，煤粉颗粒在回旋区边界的燃尽率逐渐降低。天然气喷吹量由 $47m^3$ 增加到 $72m^3/t$ 时的煤粉燃尽率分别为 70.11%，69.78%，69.34%，68.85%，68.31%，67.74%。

5.2.6　天然气喷吹量和煤比对煤粉燃烧过程的影响

NLMK 同时将天然气和煤粉作为燃喷吹料，因此研究了煤粉和天然气喷吹量变化对回旋区内温度、气体成分的影响，分别研究煤比 $181kg/t$、天然气 $14m^3/t$，煤比 $167kg/t$、天然气 $28m^3/t$，煤比 $153kg/t$、天然气 $42m^3/t$，煤比 $139kg/t$、天然气 $57m^3/t$，煤比 $124kg/t$ 时高炉下部的变化情况。

图 5-11 是燃料消耗量变化时的气体分布云图，图 5-12 是不同燃料消耗量下

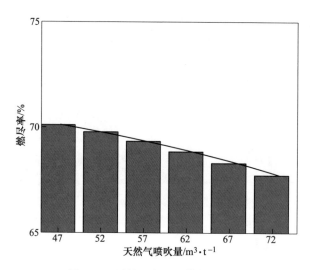

图 5-10 回旋区出口处煤粉燃尽率

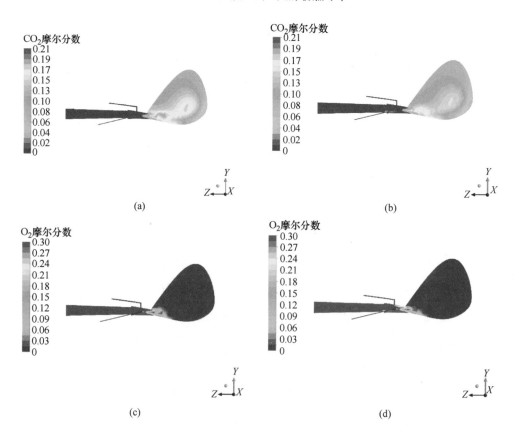

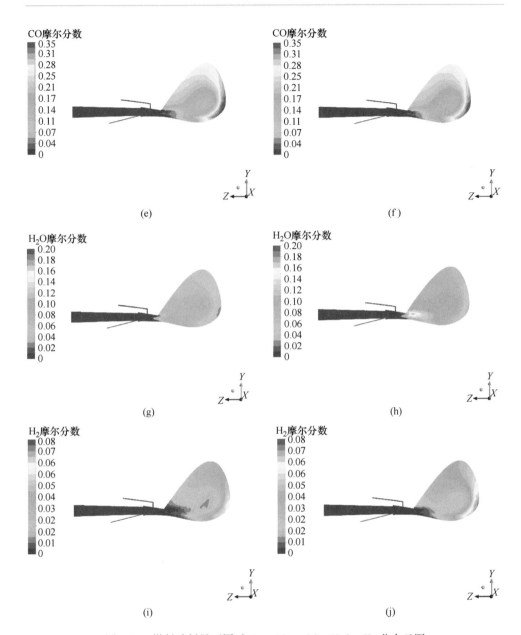

图 5-11 燃料消耗量不同时 O_2、CO_2、CO、H_2O、H_2 分布云图

（a）煤比 181kg/t 时的 CO_2 分布；（b）天然气消耗量 57m³/t，煤比 124kg/t 时的 CO_2 分布；

（c）煤比 181kg/t 时的 O_2 分布；（d）天然气消耗量 57m³/t，煤比 124kg/t 时的 O_2 分布；

（e）煤比 181kg/t 时的 CO 分布；（f）天然气消耗量 57m³/t，煤比 124kg/t 时的 CO 分布；

（g）煤比 181kg/t 时的 H_2O 分布；（h）天然气消耗量 57m³/t，煤比 124kg/t 时的 H_2O 分布；

（i）煤比 181kg/t 时的 H_2 分布；（j）天然气消耗量 57m³/t，煤比 124kg/t 时的 H_2 分布

不同位置 O_2、CO_2、CO、H_2O 和 H_2 气体摩尔分数曲线。从图中可以看出，随着煤比增加及天然气喷吹量减少，在高炉风口前缘区域，随着距枪口出口距离的增加，O_2 的消耗速度略微加快，消耗量增加，在回旋区上游燃烧产物 CO_2 的含量增加，H_2O 含量减少；当煤比减少，天然气消耗量增加时，在风口、回旋区内会生成更多的 H_2O，促进 $C+H_2O \Longrightarrow CO+H_2$ 反应的发生，H_2 的摩尔分数也会增加，CO 的摩尔分数减少。

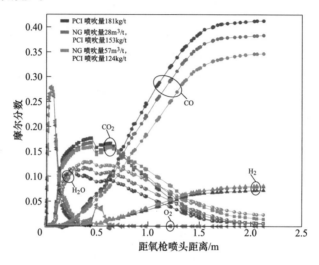

图 5-12 不同燃料消耗量下不同位置气体摩尔分数曲线

煤粉燃尽率结果见图 5-13。当煤比增加，天然气消耗量减小时，煤粉颗粒在

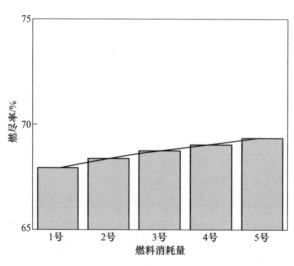

图 5-13 回旋区出口处煤粉燃尽率

回旋区边界的燃尽率减小。在回旋区边界，煤比 181kg/t（1 号）、天然气 14m³/t，煤比 167kg/t（2 号）、天然气 28m³/t，煤比 153kg/t（3 号）、天然气 42m³/t，煤比 139kg/t（4 号）、天然气 57m³/t，煤比 124kg/t（5 号）时的煤粉燃尽率分别为 67.94%，68.39%，68.75%，69.05%，69.34%。由此可见，同时改变煤比和天然气消耗量对煤粉燃烧的影响较为明显。

5.2.7 高炉混合喷吹天然气与煤粉对炉腹煤气量的影响

高炉混合喷吹天然气与煤粉（NG/PC）之后，会对高炉冶炼过程造成一系列的影响，因此有必要研究高炉混合喷吹 NG/PC 后对高炉冶炼参数的影响，为高炉冶炼新工艺的设计提供依据。

采用国际上通用的对炉腹煤气量的定义，即风口前生成的煤气离开回旋区就进入炉腹，所以炉腹煤气量就是回旋区燃烧形成的煤气量。如图 5-14 所示，高炉喷吹煤粉增加/天然气减小后，炉腹煤气量下降，炉腹煤气量变化主要有以下两个方面的原因：（1）喷吹煤粉增加/天然气减小，煤粉的燃烧热降低，导致风口前燃烧的碳量减少，从而导致燃烧产生的 CO 减少，导致炉腹煤气量下降；（2）喷吹煤粉增加/天然气减小，由于吨铁鼓风量减少，由鼓风带入的 N_2 减少，同样会导致炉腹煤气量下降。中国高炉的炉腹煤气量指数一般控制在 58~66 之间，当炉腹煤气量指数高于 66 时，将不利于高炉的强化冶炼。NLMK 两座高炉的炉腹煤气量指数目前分别为 65 和 58，处于合理的区间内。随着喷吹煤粉增加/天然气减小，炉腹煤气量指数逐渐减小，说明炉腹煤气量指数不是限制 NLMK 高炉煤粉与天然气混合喷吹的指标。

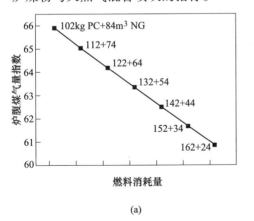

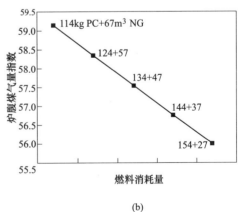

(a)

(b)

图 5-14　混合喷吹 NG/PC 对炉腹煤气量的影响

（a）5 号 BF；（b）7 号 BF

5.3 高炉喷吹焦炉煤气

5.3.1 高炉喷吹焦炉煤气的意义及优点

焦炉煤气作为炼焦生产的副产品，目前主要应用于普通加热、燃气发电、生产直接还原铁和制氢。焦炉煤气的高炉喷吹在国内外已经开展过很多富有成效的研究。2002 年奥钢联 LINZ 厂在 5 号和 6 号高炉上同时喷吹焦炉煤气，取得了吨铁喷吹 125m³ 焦炉煤气、置换 50kg 重油的成绩。中国作为世界上钢铁和焦炭生产大国，每年的焦炭的产量和消耗占全世界总产量的 50% 以上。2007 年共生产焦炭 3.35 亿吨，按照吨焦产 420m³ 焦炉煤气计算，共产生 1407 亿立方米焦炉煤气，把焦炉煤气喷吹到高炉内部替代部分昂贵的焦炭，对中国这样一个钢铁生产大国具有重要的意义。因此有必要对高炉喷吹焦炉煤气之后冶炼规律的变化进行研究，以丰富炼铁理论，科学指导生产。

高炉喷吹焦炉煤气有以下优点：

（1）为高炉提供高氢含量的良好还原剂。焦炉煤气的主要成分是氢气。与 C 和 CO 比较，氢气是优质还原剂，具有消耗热量少、还原速度快等优点，喷入高炉替代焦炭中的碳，有利于实现节焦。

（2）实现 CO_2 减排。焦炉煤气中氢气在高炉内的还原产物是 H_2O，与喷入煤粉相比，由于入炉碳含量减少，最终实现 CO_2 排放量的明显降低。

（3）改善能量利用率，提高焦炉煤气价值。焦炉煤气在炉内完成还原反应后，剩余的能量是炉顶煤气中的平衡 H_2 和 CO，可作为热风炉加热的加热燃料等。与用于发电相比，焦炉煤气的能量利用率提高约 80%。因此，总的能量利用率得到较大幅度的提高。

（4）工艺成熟操作简便。焦炉煤气喷吹包括加压、输送以及喷吹。与喷吹煤粉相比，由于主要是针对气体的处理过程，设备投资低，操作简便。而且由于焦炉煤气不含灰分，致使炉渣量降低小，对降低压力损失和高炉强化有益处。

5.3.2 国内外高炉喷吹焦炉煤气的发展历史

国外高炉喷吹焦炉煤气已经有很长的历史，并取得良好效果。20 世纪 80 年代初，苏联已在多座高炉上完成了喷吹焦炉煤气的试验研究，掌握了 1.8~2.2m³ 焦炉煤气替代 1m³ 天然气的冶炼技术，4 号和 5 号高炉喷吹量分别达到 187m³/t 和 227m³/t。

20 世纪 80 年代中期，法国索尔梅厂 2 号高炉开始进行喷吹焦炉煤气作业，喷吹量达 21000m³/h。喷吹的焦炉煤气与焦炭的置换比为 0.9kg/m³。该厂首先对自产的焦炉煤气进行净化处理，然后利用压缩机将焦炉煤气加压到 0.58MPa，通过喷吹装置将焦炉煤气喷入高炉。处理后的焦炉煤气发热值（标态）为 19.26~

$20.11MJ/m^3$，焦炉煤气成分及杂质含量见表5-1。

表 5-1　法国索尔梅厂 2 号高炉喷吹焦炉煤气成分及杂质含量

成分	数值/%	杂　质	数值
H_2	60~62	萘/$mg \cdot m^{-3}$	100~300
CH_4	24~26	焦油/$mg \cdot m^{-3}$	<5
C_2H_4	1.8~2.2	NH_3/$mg \cdot m^{-3}$	<100
C_2H_6	0.8~1.2	CN/$g \cdot m^{-3}$	<0.5
苯	0.9~1.1	H_2S/$g \cdot m^{-3}$	3
CO	5.8~6.2		
CO_2	1.5		
N_2	1.5~2.5		

美国钢铁公司 MON VALLEY 厂的 2 座高炉自 1994 年起一直喷吹焦炉煤气。2005 年的喷吹总量为 14.16 万吨，喷吹量约 $65m^3/t$。该厂曾报道喷吹焦炉煤气后，降低了天然气喷吹量，消除了焦炉煤气的防空燃烧，减少了能源成本，年节省开支超过 610 万美元。

为能够喷吹焦炉煤气，该公司对焦炉煤气进行了必要的净化处理，并对高炉风口进行了必要的改造。

我国的钢铁企业在高炉喷吹焦炉煤气方面也做过许多研究。早在 20 世纪 60 年代，本钢、徐钢等厂曾在小高炉上进行了喷吹焦炉煤气试验研究，并取得一定的成果。其中本钢的喷吹焦炉煤气量为 $81.6m^3/t$，降低焦比 60kg/t，产量提高 10%~11%。

综上所述，可以得出：

（1）焦炉煤气中氢含量高，喷入高炉后改善炉内还原气氛，有利于高炉节焦和顺行。

（2）高炉喷吹焦炉煤气在国内外已有生产实践，技术上可行，工艺路线成熟可靠。

（3）在实际操作中，需要对焦炉煤气进行必要的净化处理，以保证压缩机系统不因焦油和萘等物质的析出，而影响稳定运行。

（4）采用专门的喷枪进行喷吹焦炉煤气，对高炉的直吹管进行必要的改造，并使焦炉煤气的喷枪延伸至风口小套前端，以减少焦炉煤气快速燃烧对风口小套的影响。

（5）高炉喷吹焦炉煤气后，风口的燃烧和炉内的还原气氛发生相应的变化，高炉操作要做相应的调整。由于焦炉煤气燃烧快，火焰短，所以高炉边缘气流发展、风口氧化带缩短，在生产中要加重边缘负载，抑制边缘气流发展，保护炉墙。

（6）高炉喷吹焦炉煤气后，高炉煤气的水分含量增加，煤气热值降低，影响热风温度。

（7）严格控制炉顶煤气温度在 180~250℃ 以内，精心操作布袋除尘系统。

5.3.3　高炉喷吹焦炉煤气工艺流程

首先要确定喷吹焦炉煤气量。以国内某钢铁公司为例，根据该公司焦炉煤气富余量，确定焦炉煤气喷吹量（标态）为：近期 55m³/t，远期 95m³/t。与国外已达到 100~200m³/t 的喷吹量相比，该公司高炉的焦炉煤气喷吹量无论是近期还是远期都是低的，高炉接受上述喷吹量应当不存在问题。

高炉喷吹焦炉煤气的工艺简单。以该钢铁公司为例，如图 5-15 所示，煤气经净化及加压后，通过储气罐、管路分别送到 1 号高炉和 2 号高炉的炉体焦炉煤气环管。考虑到焦炉煤气的喷吹量有限，同时为了保证炉缸圆周的工作均匀，每座高炉设计 7 个风口仍喷吹煤粉，喷吹焦炉煤气风口与喷吹煤粉风口采用交叉均匀布置（即选奇数风口或偶数风口）。2 座高炉各自的炉体焦炉煤气环管分别引出 7 根支管，经金属管分别与各高炉的奇数或偶数风口的直吹管上的喷枪相连，将焦炉煤气喷入高炉。喷枪材质采用耐高温、耐腐蚀材质，专用于焦炉煤气喷枪。炉体焦炉煤气环管设有若干排污点，用于定期清扫管道内的焦油等杂质。

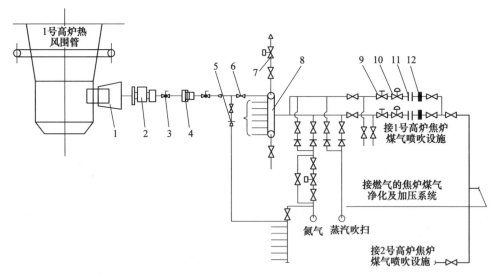

图 5-15　高炉喷吹焦炉煤气工艺流程

1—风口；2—弹子阀；3—球阀；4—快速接头；5—逆止阀；6—截止阀；7 气动阀；8—炉体环管；
9—快速切断阀；10—调节阀；11—流量孔板；12—盲板阀

为了防止焦油和萘等物质的析出而影响喷吹，储气罐后管路设有 2 路互为备用，接住高炉炉体焦炉煤气环管的管路设有 2 路互为备用，另外管路上还设有氮气和蒸气管路用作保安和吹扫。系统所有调节阀和快切阀均采用气动控制。高炉炉体焦炉煤气环管上设有氧含量及压力和温度检测，当浓度大于 1% 时系统报警，快切阀关闭并将放散阀打开，将管道内焦炉煤气放散；压力低于 0.45MPa，温度低于 60℃时报警；压力低于 0.35MPa 时，工艺上为保证喷吹焦炉煤气安全，自动关闭快速切断阀，并打开氮气吹扫阀进行吹扫。

在煤气压缩系统，根据焦炉煤气的供应总量，确定压缩机开起的数量。利用压缩机自带的控制系统，保持出口压力在 0.5MPa。

其中，系统设置完备的安全检测手段和保护措施。主要包括：

（1）焦炉煤气储气罐和分气包设置压力监测和安全阀。

（2）喷枪末段设置逆止阀和手动球阀，防止高炉煤气倒流。

（3）喷吹主管设置紧急吹扫用氮气和安全吹扫蒸气，并在每个支管设置手动氮气吹扫。煤气压缩系统吹扫采用氮气，初期罐、分气包的吹扫采用蒸气。

（4）在储气罐和分气包上设置吹扫放散管，放散管的高度要高于周边建筑。炉体焦炉煤气环管设排污阀及放散管，放散管一直引到炉顶放散阀平台。

（5）压缩机室内及炉体焦炉煤气环管设煤气含量监测及报警系统，并设置必要的消防措施。

（6）控制系统设置必要的安全连锁，出现异常情况时，自动停机或自动关闭快速切断阀并进行吹扫。

5.3.4　喷吹焦炉煤气对高炉冶炼规律的影响

建构高炉冶炼物料平衡和热平衡模型，计算焦炉煤气喷吹对高炉冶炼规律和经济技术指标的影响。以某厂 2000m³ 高炉生产条件为基础，其中风温 1100℃，煤比 140kg/t，鼓风湿度 1%，矿石入炉综合品位 56.3%，炉渣碱度 1.15，焦炉煤气喷吹温度 40℃，其中氢气利用率为 0.45 不变，焦比、富氧率和焦炉煤气喷吹量可调。具体的原燃料条件见表 5-2 和表 5-3。

表 5-2　入炉矿石主要化学成分　　　　　　　　（%）

成　分	TFe	FeO	CaO	SiO$_2$	MgO	Al$_2$O$_3$	S
烧结矿	54.73	8.45	11.42	6.15	2.25	2.25	0.033
球团矿	59.7	1.82	0.52	12.04	0.71	1.07	0.03
块矿	63.44	0.5	0.49	2.31	0.5	2.6	0.059

模拟共分为 5 个阶段，其中鼓风温度、煤比、鼓风湿度不变。

基准期：不富氧，焦比 330kg/t，焦炉煤气喷吹量 0m³/t，理论燃烧温度 2000~2300℃之间，热损失不小于 3%。

表 5-3 入炉燃料成分 （%）

成分	FC	S	灰　分						挥发分	水分
			CaO	SiO$_2$	MgO	Al$_2$O$_3$	其他	总计		
焦炭	84.95	0.65	1.21	5.21	0.34	4.71	0.16	13.23	1.17	0
煤粉	78.38	0.65	0.93	5.39	0.36	3.53	0	11.18	8.29	1.50
焦炉煤气	H$_2$=59.8%，CH$_4$=20.5%，CO=6.5%，C$_n$H$_m$=4.0%，N$_2$=6.2%，CO$_2$=2.5%，O$_2$=0.5%									

第一阶段：不富氧，焦炉煤气喷吹量分别为 0、40~90m³/t，增加幅度为 10m³/t，焦比可变，理论燃烧温度 2000~2300℃之间，热损失不小于 3%。

第二阶段：富氧率为 2%，焦炉煤气喷吹量分别为 0、40~120m³/t，增加幅度为 10m³/t，焦比可变，理论燃烧温度 2000~2300℃之间，热损失不小于 3%。

第三阶段：富氧率为 4%，焦炉煤气喷吹量分别为 0、40~140m³/t，增加幅度为 10m³/t，焦比可变，理论燃烧温度 2000~2300℃之间，热损失不小于 3%。

第四阶段：富氧率为 6%，焦炉煤气喷吹量分别为 0、40~160m³/t，增加幅度为 10m³/t，焦比可变，理论燃烧温度 2000~2300℃之间，热损失不小于 3%。

模拟结果表明，高炉喷吹焦炉煤气之后对直接还原度、焦比、炉腹煤气量、理论燃烧温度及炉顶煤气量和炉顶煤气成分均有影响，影响结果如下。

5.3.4.1　富氧喷吹焦炉煤气后直接还原度的变化

焦炉煤气喷吹以后，由于焦炉煤气是富氢的燃料，使得高炉内部 H$_2$ 含量增加，改变了铁氧化物还原和碳气化的条件，促进高炉内部铁氧化物的间接还原，降低了直接还原度。

高炉喷吹焦炉煤气促进间接还原的原因有：（1）煤气成分中还原性气体的含量增加，富氧之后鼓风量减少使得鼓风带入的 N$_2$ 减少，还原性气体浓度增加；（2）焦炉煤气喷吹以后产生的还原性气体量要大于焦炭产生的，尽管焦比降低，还原性气体的绝对量仍然增加，单位生铁的还原性气体量增加，促进间接还原的发展；（3）传统的高炉炼铁法是利用 CO 气体作还原剂，还原铁矿石中的氧，因为 CO 气体的分子大，难以渗透到铁矿石内部，而 H$_2$ 气体的分子极小，能够很容易渗透到铁矿石内部，其渗透速度约是 CO 气体的 5 倍，优异的动力学条件也促进了间接还原的进行。目前对高炉内部直接还原度的确定还没有很好的办法，前人在一系列实验的基础上总结出的经验公式对我们进行研究具有重要的指导意义。

苏联 A.H. 拉姆教授总结了不同喷吹条件下，直接还原度的经验计算公式：

$$r_d = r_d^0 \times 10^{-s\lambda}(0.684 + 0.01t_B^{0.5})/(0.96 + 4\varphi) \tag{5-1}$$

式中　r_d^0——基准期的 r_d 值；

　　　t_B——热风温度；

s——还原性物质的喷吹量，$m^3(kg)/kg$；

φ——鼓风湿度，mL/m^3；

λ——表明喷吹物化学成分的系数：

$$\lambda = 0.2(\overline{C}) + 0.9(\overline{H}) \tag{5-2}$$

$\overline{C}$，$\overline{H}$——单位喷吹物中碳和氢的含量，m^3/m^3（m^3/kg）。

根据 A. H. 拉姆的计算公式，结合焦炉煤气和煤粉喷吹量的影响，求得焦炉煤气喷吹量对直接还原度的影响结果，见表 5-4。

表 5-4　不同焦炉煤气喷吹量下的直接还原度　　　　　　　　　（kg/t）

焦炉煤气喷吹量	0	40	50	60	70	80	90
r_d	0.421	0.381	0.371	0.362	0.353	0.344	0.335
焦炉煤气喷吹量	100	110	120	130	140	150	160
r_d	0.327	0.319	0.311	0.303	0.295	0.288	0.281

5.3.4.2　高炉富氧喷吹焦炉煤气对焦比的影响

从图 5-16 中可以看出同一富氧率条件下焦比随焦炉煤气喷吹量的增加而减少，在焦炉煤气喷吹量较少时每增加 $10m^3/t$ 的焦炉煤气，焦比降低 4~5kg/t。A、B、C、D 四点为不同富氧率条件下对应的最低焦比，焦比和焦炉煤气喷吹量分别为 305kg/t、$50m^3/t$，299kg/t、$90m^3/t$，295kg/t、$110m^3/t$，291kg/t、$140m^3/t$；再增加焦炉煤气喷吹量时焦比快速增加，主要原因是焦炉煤气喷吹会降低风口循环区理论燃烧温度，如图 5-16 所示，要保证满足炉缸的热状态则需燃烧更多的焦炭，进而增加焦比。

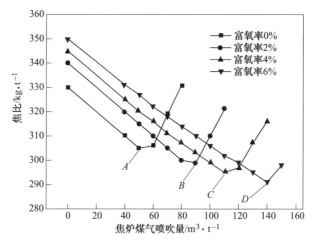

图 5-16　不同富氧率条件下焦比与焦炉煤气喷吹量关系

从图 5-17 中还可以得出，在相同的焦炉煤气喷吹量条件下，焦比随着富氧率的增加而升高。富氧率的增加使鼓风量减少，鼓风带入的物理热减少，需要燃烧更多的焦炭来满足高炉热量收入和支出的平衡。因此单纯的喷吹焦炉煤气和富氧都不能很好地达到降低焦比的目的，需把富氧和焦炉煤气的喷吹结合起来，才能达到降低焦比的效果。

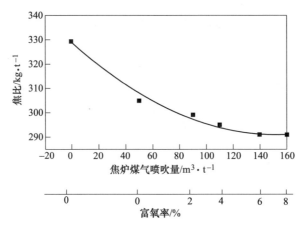

图 5-17　不同富氧率情况下最低焦比与焦炉煤气喷吹量的关系

图 5-17 是不同富氧率条件下最低焦比和焦炉煤气喷吹量之间的关系，可以看出在富氧率为 6%、焦炉煤气喷吹量为 $140m^3/t$ 时焦比达到最小值为 $291kg/t$，再增加富氧率和焦炉煤气喷吹量，不但不能起到降低焦比的作用，还会增加制氧成本和燃料比。图 5-18 所示为不同富氧率条件下焦炉煤气喷吹量和置换比的关系，随着焦炉煤气喷吹量的增加，置换比呈下降趋势，在焦炉煤气喷吹量为

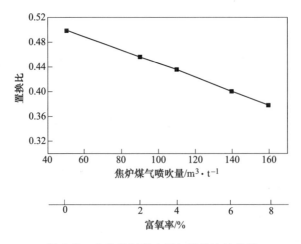

图 5-18　焦炉煤气喷吹量与置换比的关系

160m³/t 时置换比仅有 0.378kg/m³。因此，富氧率 6%、焦炉煤气喷吹量为 140m³/t 为最佳的富氧喷吹搭配，既大幅度降低了焦比又能使置换比和富氧率保持在合适的范围。

5.3.4.3 富氧喷吹焦炉煤气对炉腹煤气量的影响

炉腹煤气量（V_{BG}）目前有两种定义，一是风口前生成的煤气离开循环区就进入炉腹，所以炉腹煤气量就是循环区形成的煤气量；二是炉腹煤气应是滴落带内的煤气，除在循环区形成的煤气外，它还应计入部分直接还原生成的 CO 量等。本书采用国际通用的前一种观点，即炉腹煤气量的数量等同于燃烧带生成的煤气量。

焦炉煤气高炉喷吹后炉腹煤气量增加，燃烧带扩大。焦炉煤气高炉喷吹后，煤气中的 CH_4 等碳氢化合物在风口前燃烧生成大量的 H_2，使同一富氧率条件下炉腹煤气量增加，如图 5-19 所示。富氧后鼓风中氧的浓度增加，氮气的浓度降低，燃烧 1kg 碳所需的风量减少，相应地风口前燃烧产生的煤气量也减少，燃烧带缩小。对比每喷吹 10m³/t 焦炉煤气和富氧率提高 1% 对炉腹煤气量的影响作用发现，喷吹焦炉煤气增加的效果要小于富氧减小的效果，所以在焦炉煤气喷吹量为 140m³/t、富氧 6% 时炉腹煤气量为 1365m³/t，这与基准期阶段的炉腹煤气量 1368m³/t 基本一致。

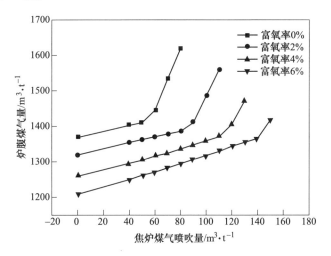

图 5-19　焦炉煤气喷吹量与炉腹煤气量之间的关系

图 5-20 表示不同富氧率条件下最低理论焦比对应的鼓风量和炉腹煤气量，可以看出鼓风量随富氧率的升高而减少，每增加 1% 的富氧率鼓风量减少约 30m³/t。由于焦炉煤气中的有机气体在风口区裂解、燃烧，生成大量的 CO 和

H_2，使得炉腹煤气量在富氧喷吹焦炉煤气后没有明显减少，但是 H_2 的黏度和密度较小，高炉炉内压差下降，促进高炉炉料的顺行。

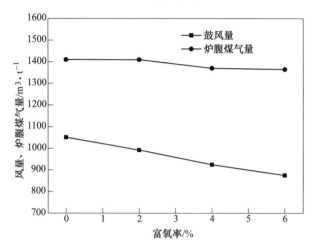

图 5-20　鼓风量、炉腹煤气量与富氧率之间的关系图

5.3.4.4　富氧喷吹焦炉煤气对理论燃烧温度的影响

高炉的热量几乎全部来自风口回旋区燃料的燃烧热和鼓风带入的物理热，炉缸热状态的主要标志是回旋区理论燃烧温度，它不仅影响渣铁温度（即炉缸温度）还影响软熔带的形状、煤气流分布和铁氧化物等的还原反应。理论燃烧温度过高过低都会导致高炉不顺，使高炉生产发生变化，适宜的理论燃烧温度应该能满足高炉正常冶炼所需的热量和炉缸温度，既保证液态渣铁充分加热，炉缸热交换和还原反应正常进行，又要能够使喷吹燃料在回旋区迅速燃烧。国内高炉喷吹燃料以后，理论燃烧温度维持在 2000~2300℃ 之间，模拟计算中，理论燃烧温度的下限取 2000℃，上限为 2300℃。

图 5-21 为不同富氧率条件下理论燃烧温度随焦炉煤气喷吹量的变化曲线。同一富氧率时，理论燃烧温度随焦炉煤气喷吹量的增加而降低，喷吹量每增加 $10m^3/t$，理论燃烧温度降低约 25℃。焦炉煤气喷吹后理论燃烧温度降低的原因是：（1）炉腹煤气量增加，用于加热炉腹煤气到理论燃烧温度所需要的热量增加；（2）焦炉煤气中的 CH_4 等碳氢化合物分解需要吸收部分热量；（3）焦炉煤气的燃烧热与焦炭、煤粉相比要低很多。在相同焦炉煤气喷吹量的条件下，理论燃烧温度随富氧率增加而升高，富氧率每提升 1%，理论燃烧温度升高约 30℃。计算结果显示，在低焦炉煤气喷吹量条件下，理论燃烧温度能够满足高炉热状态的要求，此时限制进一步降低焦比的主要因素为高炉的热量收入。随着喷吹量的增加，理论燃烧温度降低，当喷吹增加到一定程度时，理论燃烧温度成为限制

增加喷吹量和降低焦比的主要因素。为了实现降低焦比和增加焦炉煤气喷吹量，需要把喷吹焦炉煤气和富氧结合结起来。

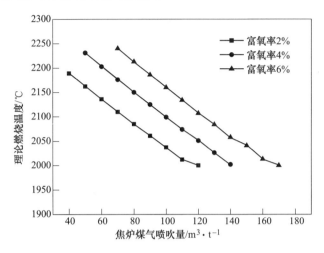

图 5-21　理论燃烧温度随喷吹量变化趋势图

5.3.4.5　富氧喷吹焦炉煤气对炉顶煤气量及成分变化的影响

高炉富氧喷吹焦炉煤气之后，随着焦炉煤气喷吹量的增加，高炉炉顶煤气量减少，还原性气体含量增加。基准期煤气中还原性气体含量为 21.14%，焦炉煤气喷吹量为 $140m^3/t$、富氧率 6% 时，还原性气体含量增加到 29.3%，煤气热值也由 $2600kJ/m^3$ 增加到 $3600kJ/m^3$，如图 5-22 所示。高炉煤气热值的显著增加，拓宽了高炉煤气的利用范围，提高了高炉煤气的利用价值，增加了企业效益。

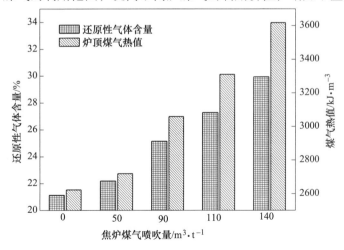

图 5-22　不同焦炉煤气喷吹量条件下还原性气体的含量和炉顶煤气热值

　　高炉富氧喷吹焦炉煤气以后，减少 CO_2 的排放量。因为焦炉煤气中的主要成分是 H_2 和 CH_4，H_2 参与间接还原反应产物是水，替代了部分 C 在高炉中的作用，使高炉 CO_2 的产生量和排放量减少。与基准期 CO_2 排放量相比，焦炉煤气喷吹量为 $140m^3/t$ 时 CO_2 的净排放量减少了 6.1%，如图 5-23 所示。以年产铁水量 1000 万吨的钢铁企业来说，每年可以减排 CO_2 2.2 亿立方米，可见高炉富氧喷吹焦炉煤气，对减少企业 CO_2 的排放量，减轻企业环保压力，改善周边环境具有重要的意义。

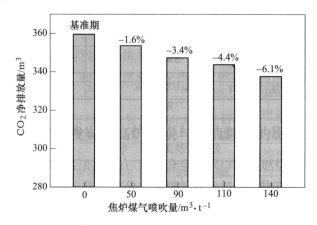

图 5-23　不同焦炉煤气喷吹量下的 CO_2 排放量

5.4　本章小结

　　高炉喷吹富氢燃料有助于降低焦比、减少 CO_2 排放，最终达到提高企业效益，增加钢铁企业竞争力的目的。天然气和焦炉煤气作为两种富氢燃料，用于高炉喷吹将有效提高高炉的冶炼效率。

　　从 20 世纪开始，俄罗斯便利用自身资源丰富的特点使用高炉喷吹天然气技术。根据对比研究发现，当高炉喷吹天然气后，可以有效地提高高炉的有效容积利用系数，提高高炉的冶炼效率，并且喷吹天然气较喷吹煤粉对风速和风温的要求较低。但是天然气的喷吹会导致高炉的炉腹煤气量增加，所以在天然气喷吹时需与煤粉等固体燃料进行复合喷吹，并且需要明确天然气的喷吹上限。

　　焦炉煤气作为炼焦生产的副产品，其用于高炉喷吹在国内外已经开展过很多富有成效的研究。焦炉煤气同样作为富氢燃料，用于高炉喷吹可以作为良好的还原剂，提高能量利用率，实现 CO_2 减排，并且其喷吹工艺简单。焦炉煤气喷吹可以明显降低直接还原，发展间接还原，降低高炉焦比。同时，与天然气相同，焦炉煤气喷吹同样会对高炉的炉腹煤气量、炉顶煤气成分产生影响。通过基础研究和工业应用的结果都可以发现，高炉喷吹天然气和焦炉煤气这些富氢燃料都可以达到节能降耗的效果，但是对于不同高炉的使用应根据高炉的状态所决定。

参 考 文 献

[1] Wang W. Energy Consumption Status and Energy Saving Potential Analysis of my country′s Iron and Steel Industry [C]. The 11th China Steel Annual Conference. Beijing China，2017：9.

[2] Shen F，Zhang Q，Cai J. Research on Energy Saving and Emission Reduction of Ironmaking System [C]. 2012 National Ironmaking Production Technology Conference and Ironmaking Academic Annual Conference. Wuxi，Jiangsu，China，2012：5.

[3] Li C，He X，Li C，et al. Basic characteristics of peanut shell charcoal used as fuel for blast furnace injection [J]. Coal conversion. 2018，41：49~53.

[4] 徐志刚. 以气代焦天然气与冶金市场双赢 [J]. 天然气工业，2000（5）：86~90.

[5] 文光远. 高炉喷吹天然气的探讨 [J]. 炼铁，1987（2）：12~16.

[6] 邹明，徐志刚. 用天然气作替代能源提高酒钢经济效益的探讨 [J]. 钢铁研究，2002（4）：55~59.

[7] 张占鹏. 重点钢铁企业炼铁高炉主要生产指标分析 [J]. 中国钢铁业，2014（5）：25~26.

[8] 沙永志，曹军，王风歧. 高炉喷吹焦炉煤气 [C]. 第七届（2009）中国钢铁年会论文集. 北京：中国金属学会，2009：692.

[9] 曹京慧. 高炉喷吹焦炉煤气技术 [J]. 炼铁，2009，28（5）：60.

[10] 王海风，张春霞，胡长庆，等. 钢铁企业焦炉煤气利用的一个重要发展方向 [J]. 钢铁研究学报，2008，20（3）：1.

[11] 王筱留. 钢铁冶金学：炼铁部分 [M]. 北京：冶金工业出版社，2006.

[12] 陈永星，王广伟，张建良，等. 高炉富氧喷吹焦炉煤气理论研究 [J]. 钢铁，2012，47（2）：12~16.

[13] A. H. 拉姆. 现代高炉过程的计算分析 [M]. 王筱留，译. 北京：冶金工业出版社，1987.

[14] 项仲庸，王筱留. 高炉设计——炼铁工艺设计理论与实践 [M]. 北京：冶金工业出版社，2007.

[15] 吴胜利，陈辉，于晓波，等. 高炉理论燃烧温度计算的研究 [J]. 钢铁，2008，43（9）：16.

[16] 成兰伯. 高炉炼铁工艺及计算 [M]. 北京：冶金工业出版社，1991.

6 我国高炉喷吹燃料资源拓展的展望

钢铁工业是我国国民经济的重要基础产业，其能源消耗量大，且主要依靠煤炭资源。我国煤炭资源的分布极不均匀，在已探明储量中，烟煤占73.7%，无烟煤占7.9%，褐煤占6.8%，其他煤种占11.6%，烟煤中优质焦煤和肥煤的储量仅占7.9%。高炉焦炭生产所依赖的焦煤、肥煤资源和高炉喷吹用无烟煤资源储量面临着巨大的挑战。高炉喷吹煤粉是目前钢铁企业缓解焦煤资源短缺、降低焦比和生铁生产成本的重要措施，是世界炼铁技术发展的主流趋势。然而，100%优质无烟煤喷吹已经不能满足我国当前高炉炼铁对环保节能、资源可持续发展及降本增效的要求。

越来越多的钢铁企业不断扩大炼铁用煤炭资源范围，广泛采用贫瘦煤、烟煤、褐煤用于高炉喷吹，尝试将兰炭用于高炉喷吹，虽然取得一些突破，但也面临着大量技术难题。其中，高挥发分烟煤的易燃、易爆性给高炉喷吹带来了严重的安全问题；多种煤炭资源频繁变化，导致高炉炉缸热状态和煤气流随之波动，严重制约了高炉冶炼的稳定性。究其原因，主要是钢铁企业对新型煤炭资源的引入缺乏精细的管理和科学的甄选，未能基于炼铁过程煤炭的质能转化基础理论建立系统的评价体系与工艺标准，对新型燃料的使用尚未进行相关匹配装备的研发。我国高炉燃料资源拓展技术的发展方向有以下几个方面：

（1）创建科学的高炉喷吹用煤评价体系。目前高炉喷吹煤的显著特点是品种杂乱、产区不稳定、频繁变料，如何科学地优选适宜于高炉喷吹用的经济煤种是钢铁企业降本增效面临的突出难题。因此需要系统研究煤粉在高炉风口回旋区的燃烧机制，开发集经济与技术指标为一体的高炉性价比评价模型，构建炼铁用煤炭资源的科学评价体系，为高炉喷煤用经济煤种和经济喷煤量的选择提供理论指导。

（2）加快推广运用高炉喷吹低阶煤技术。高挥发分低阶煤用于高炉喷吹不仅可以缓解炼铁对优质无烟煤资源的依赖，还有助于提高混合煤的燃烧率。然而，高挥发分烟煤的易燃、易爆特性给高炉喷吹系统带来了严重的安全隐患；同时，部分钢铁企业高炉喷吹系统设备破旧，制约了低阶煤在高炉炼铁中的应用。因此，我国需要加大高炉喷吹低阶煤的技术推广，制定相关国家标准，加强企业员工培训，提升钢铁企业的装备水平，尽快实现高比例低阶煤在高炉喷吹领域的大规模应用。

（3）加强低阶煤定向制备高炉喷吹用燃料。兰炭是低质煤经过中低温干馏的半焦，具有固定碳高、比电阻高、化学活性高、灰分低、铝低、硫低、磷低等特点。但兰炭的可磨性差，导致制粉系统与喷吹系统磨损严重；水分含量高，导致兰炭有效发热值降低。因此，需要面向炼铁工业开发兰炭定制生产技术，解决兰炭成分波动大、可磨性差的难题。

（4）加快高炉喷吹生物质技术的研发与工业化运用。生物质焦具有灰分含量低、燃烧性和反应性好等优点，适合用作炼铁过程的发热剂和还原剂，并具有很好的经济环境效益。但目前仅国外做过小高炉喷吹实验，国内研究较少，因此我国生物质喷吹技术的开发任重而道远。在生物质的预处理、喷吹工艺路线制定和装备开发方面还需要深入研究。

（5）研发高炉喷吹氢气及富氢还原气技术。氢气是最清洁、高效的炼铁能源，氢气作为还原剂的最终产物是水，可以达到 CO_2 零排放，因此氢冶金得到世界各国的普遍关注。高炉炼铁是我国最主要的炼铁工艺，研究高炉喷吹氢气、富氢还原剂（焦炉煤气、天然气等）技术对我国炼铁节能减排具有重要意义，是我国高炉喷吹技术的发展重点。

（6）研发高炉喷吹固体废弃物技术。目前我国钢铁工业在完成基础原材料供应的同时，还需肩负社会固体废弃物的消纳功能。高炉回旋区具有超高温、高压的特点，对处理废塑料、废轮胎、废木料等含碳废弃物具有很好的优势。含碳固废用于高炉喷吹不仅有助于降低高炉炼铁对化石燃料的消耗，还有助于循环利用固体废弃物，解决传统固废处理带来的二次污染问题，真正实现变废为宝。